大是文化

明茲柏格 管理的真實樣貌

當代管理大師
加拿大蒙特婁麥吉爾大學管理學講座教授
亨利．明茲柏格（Henry Mintzberg）——著
廖桓偉——譯

勝任且愉快，
你該有的42個早知道。

（原版書名：明茲柏格給主管的睡前故事）

Bedtime Stories for Managers

Farewell to Lofty Leadership…
Welcome Engaging Management

Contents

第二章

組織要像有間隙的穀倉

第五章

管理無須太多世界觀，入世最重要

第六章

執行長是怎麼成了低風險高所得工作

第七章

如果你能編出笑話，就能成就偉大事業

217

（原版書名：明茲柏格給主管的睡前故事）

推薦序一

給經理人的解毒劑

《經理人月刊》總編輯／齊立文

第一次知道亨利·明茲柏格（Henry Mintzberg）這號人物，是在二〇〇五年左右，我剛加入《經理人月刊》的團隊不久。當時，明茲柏格老就已經跟當代「管理大師」（之一）劃上等號，只要查找跟「商業思想家」（business thinker）或「管理大師」（management guru）的排名或相關資料，他肯定榜上有名。

「反叛」的管理思維

不過，要深入認識明茲柏格，不能僅憑來自加拿大的知名管理學者、專長領域在「策略與組織」的背景資訊來理解他，因為這樣太制式、無趣，一點都不「明茲柏格」！

畢竟，你只要讀過明茲柏格先前的著作，或是看過他的相關媒體報導，很快就會發現，更常、也更適合與他連結在一起的字詞，都是破除迷思、顛覆傳統、違反常識等。

我甚至讀過一篇文章是用「管理思維的搗蛋鬼」（the enfant terrible of management thinking）來形容他，還為此查了「enfant terrible」，意思就是「會說或問一些令大人困窘問題的孩子」。《經濟學人管理概念與大師指南》（*The Economist Guide to Management Ideas and Gurus*）這本書裡，也稱明茲柏格是「一位始終反叛的加拿大學者，有時候似乎是在破壞他所從事的這個行業」。

建立在這個基礎的認知上，翻開這本《明茲柏格：管理的真實樣貌》，你多半可以預料到，你在書裡讀到的策略、管理、領導、變革、轉型、數據、效率、MBA（企業管理碩士）、個案研究、家族事業二代／三代接班、全球思維、績效管理、KPI、企業社會責任（CSR）、顧客關係管理（CRM）等主題，都跟你原本想的、懂的、做的，不太一樣。

「反骨」的策略大師

書中有兩處分別提到同為「管理大師」的段落，令我忍不住發笑，也覺得應該只有像明茲柏格這樣的性格與輩分（一九三九年生的明茲柏格，今年即將滿八十五歲），才敢寫下這樣的評語。

其一，在提到變革大師約翰·科特（John Kotter）的轉型八步驟時，明茲柏格寫道：「仔細思考這些步驟吧。『建立急迫感』向前衝，為什麼？因為華爾街的狼群在門前咆哮嗎？以高階經理為中心的『領導聯盟』，能夠『打造願景』……這是怎麼一回事？憑空變出來的嗎？怪不得一大堆公司的策略都抄來抄去，還美其名為『願景』。」

對明茲柏格來說，與其仰賴天縱英明的領導人，「由上而下」的制定與推行所謂的願景與策略，還有其他可行的策略，基本上還是要靠參與者集思廣益，打造人人都能反映意見的開放文化。

另一個例子與平衡計分卡大師羅伯特·卡普蘭（Robert Kaplan）及策略

大師麥可．波特（Michael Porter）有關。明茲柏格針對兩人發表在《哈佛商業評論》（*Harvard Business Review*）文章裡的一句話（「無法衡量的事物，就無法被管理，這是眾所皆知的道理」），給出了這樣的評語：「這句話確實是眾所皆知沒錯，但實在有夠愚昧。」

愚昧在哪裡？明茲柏格的建議是：「我們唯一要理解的事實，是世界上許多重要的事物都無法衡量。」而且，他也進一步追問，衡量事物的方式本身，難道不需要被衡量、被管理嗎？畢竟我們都聽過、一定也都做過：你用什麼指標衡量我，我就給你什麼成果。

「反思」經營實務

在本書的尾聲，明茲柏格提到了他曾經接受管理作家史都華．克萊納（Stuart Crainer）的採訪。

史都華問：「你們管理大師之間想必競爭很激烈吧？」

明茲柏格答：「會嗎？我從來不覺得有競爭。我從來都不想當『最好』的，因為我覺得『最好』這兩個字很沒格調。我的人生目標只求『好』。……和自己比賽更勝與他人競爭，這樣才能做到最好。」

相信打從明茲柏格在一九七三年出版《管理工作的本質》（*The Nature of Managerial Work*）一書以來，他研究、著書、寫作就不是為了打臉誰、顛覆什麼，只是如實的呈現出「管理工作的本質」：經理人根本不像商界、學界試圖呈現如此的「高效能」，實際上他們的工作很瑣碎、注意力很分散，大部分時間都是在「溝通」而非「做事」，處理一件事情的時間只有九分鐘。

當他出書談「組織架構的設計」、談「策略規畫的興衰」、談「MBA不等於經理人」……立意也絕不是為了反叛，而是因為既有的管理研究與實務，已經走到了死胡同裡。每一個在組織裡工作的人都必須正視：領導人不會照著科特的轉型八步驟，就成功推動組織變革；組織不會因為訂出鉅細靡遺的KPI，員工績效立即倍增；工作者也不會因為讀了《與成功有約》（英文書名直譯為「高效人士的七個習慣」），每個人突然間便成為效率達人；任何人去念了ＭＢＡ，也不必然保證他們會蛻變成什麼組織都能管理的專業經理人。

因此，回到本書裡面我最喜歡的一段話：「管理不科學，也不算什麼專業。或者換個方式說，由於組織的『疾病』與治療它們的處方，都沒什麼具體依據，所以實行管理就像在施展手藝，是以經驗為主、以見解為憑的藝術。發自內心的理解，遠比腦中的知識還重要。」

只要每個人都不斷的追求自己心中認定的「好」，不輕易妥協，不隨便讓步，管理這門手藝就會愈來愈精湛。

推薦序二

管理就像一場交響音樂會

先行智庫執行長／蘇書平

記得我年輕的時候，主管曾經告訴我，好的領導者就像是管弦樂隊的指揮家。通常一個管弦樂隊需要一百多名的音樂家一起工作，為了確保樂音的生動與和諧，指揮家的角色就是讓所有音樂家在表演的每一秒，都完美的結合在一起。

有的時候居高臨下的領導者太多，但是願意親身參與的管理者卻太少。好的管理者，需要能有效的分配資源，並確保團隊能夠很好的協同運作，而不是以一種過度管理的方式去要求團隊，這就和指揮家是一樣的道理。

指揮可以調整速度，但他只是指導工作效率，而不是自己親自動手執行。

指揮不需要告訴管弦樂隊的成員該做什麼，他只是努力讓每一個樂手在自己的位置，實現管弦樂隊之間的最佳合作默契。

優秀的管理者也可以試著平衡工作量，確保團隊可以同步往前移動，卻不會犧牲休息和創造力。有時候創造力與靈感是無法量化的，這也是為什麼頂尖的管弦樂隊可以創造出偉大音樂。有時候用高壓的方式去逼迫團隊做出愚蠢的努力，是一種沒有靈魂的管理，團隊不會因為投入更多的時間就得到更好的結果。所以我在管理學到的最重要的一課就是，即使你能做得更好，也不應該積極參與團隊的任務與行動。指揮家沒有必要在管弦樂隊演奏樂器的時候，試圖自己上場演奏樂器，這樣只會讓事情快速崩潰。適當的授權對良好的管理是非常重要的。

此外，你有沒有注意到，指揮家總是領先一步，在音樂改變演奏之前做出手勢？因為指揮是一位必須領先一步提示樂團的音樂家，所以優秀的經理也必須領先一步提早做出規畫，提供適當的資源給團隊管理，這樣他們才能更有效的完成目標。

並且永遠不要和你的團隊搶功勞，雖然指揮家總是面向掌聲，但他們也會迅速將掌聲與觀眾的目光轉移到音樂家身上，因為這些完美的演出都是來自團隊的努力與合作，想辦法讓你的團隊凝聚在一起，才能形成一個更強大的組織力量。

好的管理不是坐在你習慣的位置，而是要放下身段和員工站在一起。這本《明茲柏格：管理的真實樣貌》選出了四十二篇故事。透過每一則小故事，讓你可以快速學到管理與領導的重要觀念，非常適合給喜歡閱讀又沒有時間的你，每天撥空看一篇小故事，就可以讓自己快速學到管理、組織與分析等各種管理技巧與智慧。

關於作者

我在蒙特婁麥基爾大學（按：McGill University，加拿大歷史最悠久的學府，有北方哈佛美譽，出過十四位諾貝爾獎得主。）教授管理學等學科，職位為德索泰爾學院克雷洪講座教授（Cleghorn Chair of the Desautels Faculty）；我在這個學院協助管理者在商業（impm.org）、醫療（imhl.org）與組織內

我用寶貝獨木舟，載著我的寶貝女兒。

部（CoachingOurselves.com）發展自我，至於其他時間，我會逃離組織管理的世界，溜冰、騎腳踏車、爬山，以及划我最愛的獨木舟。

順便告訴你，我有二十個榮譽學位，並曾獲頒加拿大勳章（Order of Canada）。至於其他無關緊要的細節，你可以搜尋 mintzberg.org，裡頭包含我收藏的木雕；我所有著作，包括講述搭飛機有多恐怖的故事集《飛行馬戲團》（*The Flying Circus*）；以及收錄各種最新故事的部落格（就像本書介紹的故事）。

再補充一點，這是我第二十本書（或許內容也是最嚴肅的），也是與貝瑞特．科勒出版社（Berrett-Koehler）合作的第六本書。而我目前的重點工作，是喚醒世人理解我其中一本著作——《重新平衡社會》（*Rebalancing Society*）的含意。希望不會太遲。

引言
管理這回事，沒有特效藥

放下手機了嗎？那正好。歡迎來讀《明茲柏格：管理的真實樣貌》，這是一本有趣的書，不過會傳達一個全新的管理概念：請把居高臨下的領導，變成親身參與的深入基層管理。怎麼說？你的組織應該像頭牛一樣行動，而只不是一張圖表，這樣的策略才能遍地開花，因為最非凡的點子都是平凡人想出來的，他們非常「入世」（worldly），而不是只有空泛的全球觀（按：詳見第五章第二節）。

本書的第一則故事就定調了全書：航空公司的執行長搭頭等艙，而他後頭的顧客卻只能吃難吃的炒蛋。我們的世界就跟炒蛋一樣混亂，所以管理者必須放下身段，跟大家一起吃這索然無味的炒蛋。

幾年前，我開張了部落格（mintzberg.org/blog），記錄我從一些無名刊物中讀到的概念。我無意間讀到一本故事書，是寫給蒙特妻冰上曲棍球隊的粉絲看的，裡頭共有一百零一個故事。這真是超棒的床邊讀物！我可以讀一、兩個小故事再睡。那我何不把管理部落格也寫成一本書？而你趁現在，也就是你放下管理工作、準備睡覺的時候來讀，這不就是最佳時機嗎？當然你也要真的能放下工作。

想一下你所知道且最欽佩的組織：

- 是單純透過人力資源的調度運作，還是員工群體並進？
- 執行策略總是要先想，還是會先看、先做，才能想到更好的方法？
- 是瘋狂的使用數據分析，還是注入靈魂工作？
- 每個人都搶當最佳員工，還是盡自己的本分努力？

假如你的答案都在句子前半段，請讀一讀本書，發掘後半段的答案。如果你選擇後半段的答案，也請參考本書，可以學會怎麼應付只相信前半段答案的人。

我從超過一百零一篇的部落格文章中，選出四十二篇對管理者來說最有意義的故事。有人跟我說書籍需要分章節，所以我就用「管理」、「組織」、「分析」等標題整理出章節。還有人跟我說，每一章都需要引言，讓你知道作者想講什麼事。我希望你依照自己喜好，去發掘這些故事。所以，請你先讀第一篇的故事，接著再讀最後一篇故事，其他故事你可以隨意閱讀，好的管理者有時候會這樣子。

隨著你翻閱書籍的每一頁，希望你去想想這個世界的未來會是什麼樣子，而我會用各種比喻提示你，除了牛隻、花園、餅乾切模與炒蛋，請準備好理解管理者是作曲家還是指揮家、數據有時候也會說謊、董事會像蜜蜂一樣嗡嗡作響、組織縮編就像針灸放血。讀到有些故事的時候盡量別發怒，因為這些令你憤怒的例子，在我眼中卻是最棒的，就讓時間來證明吧。

本書或許在談管理，但別期待有什麼特效藥，這就留給書籍說明吧！敬請期待意想不到的見解伴你入眠，讓你起床時神清氣爽，吃完炒蛋之後，出門處理「炒」成一團的管理問題。如此一來，你和你的同事，甚至你的家人，都能從此過著比以前幸福快樂一點點的日子。

祝你有個美夢！

第一章

管理？領導？哪個好？

大事、小事都是我的工作，而中間的事情可以授權給別人。

——松下幸之助，松下電器創辦人

1 一份飛機餐，差點讓一家航空公司倒閉

幾年前我從蒙特婁搭美國東方航空（Eastern Airlines）前往紐約。它是當時全世界最大的航空公司，但現在已經倒閉多年了。

當時他們在機上的供餐有「炒蛋」這個鬼東西。

我跟空服員說：「我以前在飛機上吃過其他很難吃的餐點，但這玩意兒絕對可以上米其林指南的負五顆星！」

「我知道啊，我們一直跟上頭反映，但他們就是不聽。」她回答我。

怎麼可能？如果是經營墳場，跟「顧客」溝通確實會有難度，但他們是航空公司耶！每次我遇到很爛的服務或設計很差的商品，都會懷疑公司的管理階層到底有沒有在認真經營事業、分析財報？

財務分析師一定看過財報，而且還會解釋，這間航空公司的問題是跟載客率有關。但千萬不要相信，因為東方航空就是被炒蛋給搞垮的！

幾年後，我跟幾位經理聊到這個故事，其中一位IBM的經理又講了一個故事：東方航空的執行長，在某班機即將起飛前趕來要上飛機。

由於頭等艙坐滿，所以機組只好想辦法從頭等艙擠掉一位乘客，請他轉坐經濟艙，把位置讓給自家執行長——我猜這位執行長習慣坐頭等艙。執行長覺得很歉疚，據說他走到經濟艙，跟那位乘客道歉，並介紹自己就是這家航空公司的執行長。沒想到乘客回他：「呃……我是IBM的執行長。」

請別搞錯重點，問題不是誰被擠掉，而是坐的「位置」：高階職位被吹捧的程度已經超乎常理了。**所謂的管理，不是坐在你習慣的位置，而是要放下身段**一起品嘗炒蛋。

2 主管好比指揮家。但樂手在看譜，誰在看指揮？

請想像有位管理界的大指揮家，站在指揮臺上。他點一點樂譜就開發了新市場；擺動一下指揮棒就讓業績增長；然後振臂一揮，人資、公關與資訊部門就演奏出和諧的樂章。這真是管理者的夢想！甚至還能參加樂團指揮家規畫的領導研討會。

有三段話曾經用過指揮家這個比喻，你可以邊讀邊玩個小遊戲：選出哪段話最符合你心目中的管理。但有個規則：你每讀完一段就要選一次，才能再讀下一段，這也表示你有三次選擇機會！

首先看看大師中的大師——彼得．杜拉克（Peter Drucker）怎麼說：

管理者就像交響樂團的指揮，每個樂器個別演奏起來都只是普通的聲音，但透過某個人的努力、願景與領導，就能交織出生動的樂章。不過，指揮家只是在詮釋作曲家的曲子，所以管理者是身兼作曲與指揮。

你贊同管理者是作曲兼指揮嗎？

再來是瑞典經濟學家蘇恩．卡爾森（Sune Carlson），他是瑞典執行長管理工作研究的先驅：

進行研究之前，我一直以為執行長是交響樂團的指揮，孤高的站在指揮臺上。但現在我漸漸認為他只是偶戲中的木偶，數百人拉著他背後的線，強迫他該怎麼做。

你贊同管理者是木偶嗎？

最後是雷納德．塞爾斯（Leonard Sayles），他研究美國的中階管理職務：

管理者就像交響樂團的領班，努力確保演奏是悅耳動聽的。但是樂團成員每個人都有自己的事情要做，舞臺工作人員要搬樂譜架、演奏廳內太冷或太熱都會影響觀眾的感覺與樂器表現，還要應付演奏會的贊助者亂改曲目。

你贊同管理者是領班嗎？

這遊戲我讓很多經理人玩過，結果總是一樣：少數人會選第一段，而選第二段的人多了一點，但當我講出第三段時，所有人都舉手了！對啦，管理者就像交響樂團的領班，但不是上臺表演，而是負責日常苦差事，所以別被這個好聽的比喻給騙了。

那交響樂團的指揮到底是不是管理者，甚至是領導者？撇開演奏的話絕對是兩者兼具，他們負責挑選演奏者與樂曲，排練的時候再整合兩者。但當你欣賞一場演奏會，其實多半是在欣賞樂曲演奏，況且當你觀察樂手，會發現他們埋首演奏幾乎不看指揮，所以指揮說不定只是客串的。除了指揮，你還能想到其他「客串」的管理者嗎？

所以是誰在主導演奏會？托斯卡尼尼（按：Arturo Toscanini，義大利指揮家）還是柴可夫斯基（按：Pyotr Ilyich Tchaikovsky，俄羅斯作曲家）？其實是演奏者，但他們都是照著作曲家的樂譜，使用樂器合奏，所以作曲家才是真正的指揮，但作曲家大都作古了，所以掌聲就由指揮獨享。

或許整個世界就像一座舞臺，管你是作曲家、指揮、經理或演奏者，其實都只是在**做事情的人**。如果是這樣，就不應該有管理者能站在指揮臺上，孤高的領導眾人。

3 一通報修電話，還得執行長親自打

有個無稽之談是「領導與管理是分開的，而且優於管理」。這個概念對管理不好，對領導更不好。

這句很流行的說法認為，領導者是「做對的事」，而管理者是「把事做對」。這句話聽起來沒什麼問題，但你一定有經驗：想做對的事，卻沒有把它真的做對。

加拿大皇家銀行（Royal Bank of Canada）前執行長約翰．克雷洪（John Cleghorn），曾經在前往機場的路上，打電話回公司報告有一臺ATM壞了，因而在公司享有聲譽。因為這間銀行有好幾千臺ATM，所以他這算微觀管理嗎？（按：管理者透過密切觀察及操控員工，使員工達成管理者所指定的

工作）不算，他只是以身作則領導，有些最佳領導者就是因為有效的執行與落實的管理而備受肯定。

你曾被不會領導的人管理過嗎？想必會感到很洩氣吧。那假如你被不會管理的人領導呢？那傢伙一定完全狀況外，他怎麼知道部屬在幹嘛？正如史丹佛商學院教授吉姆・馬奇（Jim March）所說：「領導者既要會修水管，也要會寫詩。」

所以我們應該捨棄「領導與管理分離」的概念，了解到它們是工作的一體兩面，許多人採用「遙控」式領導，除了「大局」（big picture）之外的所有事情都狀況外，難道我們忍受的還不夠多嗎？事實上，大局必須靠基層經驗一筆一畫描繪出來。

你可能聽說過「部屬被過度管理，卻缺乏領導」，但現在剛好相反：**居高臨下的領導者太多，親身參與的管理者卻太少**，以下是這兩者的比較，你可以自己選擇。

兩種管理方式

居高臨下

一、領導者是重要人物，跟開發產品與服務客戶的人截然不同。

二、領導者的職位越高，重要性就越高。執行長居高臨下，代表及領導整個組織。

三、執行長採取戲劇化行動，發布清楚、慎重、大膽且稍具風險的策略，沿著組織層級往下傳達，由所有員工來實行策略。

四、領導的工作就是決策與分配資源，包括人力資源。所以領導也代表「報告公司的實際營運數據」。

五、領導力就是將自己的意志附加於部屬身上。

親身參與

一、管理者很重要，因為他們讓其他人變得更重要。

二、有成效的組織是一個互動密切的網絡，而不是垂直層級，有效率的管理者會全程參與，而不只是坐著看戲。

三、策略來自於網絡聯繫，因為大家的參與能夠藉由解決小問題，衍生出大型策略。

四、管理就是自然與人產生聯繫，所以管理也代表「判斷人事物的背景並且認真參與」。

五、**領導力是透過部屬尊敬而獲得的絕對信任感。**

4 非得跟魔鬼打交道？問問魔鬼身邊的人

什麼特質會讓管理者與領導者有顯著績效？關於這個問題，你可以看到各式各樣的答案清單。例如多倫多大學（University of Toronto）的ＥＭＢＡ手冊是這樣寫的：

- 挑戰現狀的勇氣
- 在艱困的環境中蓬勃發展
- 運用團體合作以達成更大利益
- 在迅速變化的世界中設定明確方向
- 具備無懼一切的決心

問題在於這些小清單永遠都不完整。例如上述這張清單沒有「基本智力」與「善於傾聽」這兩項特質，但其他清單就有。所以我盡可能找出所有的列表，彙整出一張比較全面的，再加上一點自己的看法。而你會在本節末看到這張列表，包含了五十二個特質，**只要具備這五十二個特質，你一定是超有成效的管理者，但你應該也不是個正常人。**

管理者一定有缺陷

我們對於領導力的浪漫幻想，把凡人拱上了神壇，而等他摔下神壇，我們就能盡情的詆毀他。但有些管理者，確實能穩坐在那個晃動的神壇上。他們是怎麼辦到的？

答案很簡單：成功的管理者是有缺陷的（應該說所有人都有缺陷），但他們的缺陷並不致命，理性的人，有辦法容忍他人的合理缺陷。

至於那些過於理想的管理特質清單，才真的是致命缺陷，因為那些清單錯得離譜。有人不贊同管理者要具備「無懼一切的決心」嗎？先看看小布希

（按：George W. Bush，美國第四十三位總統）領導（但不是管理）美國人進軍伊拉克，他確實有「改變現狀的勇氣」（可惜他的顧問出了餿主意，引起美國反戰主義再度走上街頭）。英格瓦·坎普拉（Ingvar Kamprad）管理宜家家居（IKEA），使它成為最成功的連鎖零售商之一。據說他花了十五年才「在急速變化的世界中設定明確方向」。宜家家居之所以成功，是因為家具業的變化速度不快，但它改變了這個局面。

若非得跟「魔鬼」打交道，選一個你比較熟的

如果每個人遲早都會暴露缺陷，那還不如早點暴露比較好，尤其是管理者。事實上，挑選管理者除了要看特質，也要看缺陷，可惜的是，我們多半都只注意一個優點特質，例如「莎莉很會協調事情」或「魯道夫對發展趨勢很有遠見」；假如管理者很不會協調、又沒有策略願景，那麼不了解管理者缺陷的情況會更嚴重。

要了解一個人的缺陷，只有兩種方法：跟他結婚或替他工作。但負責挑

選管理者的人（董事挑執行長，高階經理挑「低階經理」——不是很好聽的說法），根本不可能在他的底下工作，更別說結婚了。於是有太多的人選，最後都變成「欺下怕上」、花言巧語、過度自信，很會討好上司，卻不會管理部屬。

負責挑選管理者的人，必須**聽聽在候選人身邊的人怎麼說**，但是不能問候選人的配偶，因為現任配偶會有偏見，而前任的偏見則會更嚴重；但他們絕對可以問問候選人的部屬。

我覺得管理沒有萬靈丹，但是我可以開一帖處方，大幅改善你的管理實務：挑人的過程中，多聽候選人部屬的意見。請把這帖處方墊在你的枕頭下，包你一夜好眠。

成功管理者的基本特質清單（我自己拼湊出來的）	
· 勇敢	· **忠誠**
· 好奇	· 自信
· **坦率**	· **自省**
· **洞察入微**	· 心胸開放/容忍度（對於人、想法與灰色地帶來說）
· 創新	· 擅長溝通（包括傾聽）
· **狀況內/知情**	· 敏銳
· **思慮周延/聰明/睿智**	· 重分析/客觀
· 務實	· 堅決（行動導向）
· 主動/魅力	· 情緒激昂
· **啟發人心**	· 遠見
· 精力充沛/熱衷	· 積極向上/樂觀
· 企圖心	· 頑固/執意/狂熱
· 合作/參與/協作	· **親力親為**
· 支持/同情心/同理心	· 穩定
· 可靠	· 公平
· 負責	· 道德/誠實
· 一致性	· 彈性
· 平衡	· 整合性
· 高大[註]	

註：關於這一項，我沒有在任何清單上看到，但有一些奇特的論點支持。在 1920 年的著作《主管與其對部屬的控制：個人效率的研究》（*The Executive and His Control of Men: A Study in Personal Efficiency*）當中，埃諾赫・伯頓・戈恩（Enoch Burton Gowin）提出一個問題：「主管的身高與體重是否與他的職位相關？」他的答案是肯定的，例如主教的平均身高就高於小鎮上的傳教士；教育局長也比學校校長還高。此外戈恩還蒐集了鐵路主管、行政首長等其他資料，也都驗證他的發現，但他沒有研究拿破崙與女性。

5 一間有靈魂的旅館，每個角落都有

有一回，我女兒麗莎（Lisa）留了張字條在我的鞋子裡，上頭寫著「靈魂是需要修復的」。她應該不是很了解這句話的意思。

兩位護理長的故事

我曾邀請國際醫療領導大師課程（International Masters for Health Leadership，簡稱IMHL）的參與者，分享自己的經驗。有一位產科醫師就聊到自己還是住院醫師的時候，在各醫院的病房和診間來來回回，他與同事非常喜愛在其中一處病房工作，因為那是個「快樂」的地方，多虧護理長的細心照料，她很善解人意，尊重所有人，而且致力於醫師與護理師之間的合作，所以這地方是有靈魂的。

後來她退休，由一位MBA護理師接手她的位置。「她完全不溝通，就開始質疑所有事情。」她對護理師很嚴格，有時還會早到，看看誰會遲到。本來值班的時候充滿談話與笑聲，現在卻經常有護理師在暗自啜泣，因為新來的護理長常批評護士。

士氣一落千丈，連醫師都被波及：「兩、三個月之後，那種像家庭一樣的氣氛就毀了……我們以前會搶著去那間醫院輪班，但現在再也不想去了，可是高層並沒有介入處理，或根本不知道發生了什麼事。」

你聽到這種事的次數很多嗎？或是正在經歷這種事情？我曾經在一週內聽過四件，而且很多都跟執行長有關。**「無魂管理」已經成為社會上的流行病**。最糟糕的狀況是這些人心胸狹窄，用挑撥的手段來霸凌部屬，讓他們互鬥、惡性競爭。

照顧每個人、每個細節的旅館

不久之後，我前往英格蘭一間大公司開的旅館參加會議，這個地方沒有精神、沒有靈魂、員工流動率高，一如往常。後來麗莎與我前往湖區（Lake District），看一下接下來要住的旅館。

我一走進門內就愛上了這個地方，布置得非常漂亮，而且一塵不染，員工服務也非常周到，這間旅館充滿了靈魂。我研究組織很久了，所以經常能立刻感覺到一個組織是充滿或是缺乏靈魂。我能感受到這個地方是活力充沛或昏昏欲睡；是真誠的笑容還是應付的假笑；是關心，或只是「顧客服務」。

「『有靈魂』是什麼意思？」麗莎問我。

「妳自己看就知道了，每個角落都有。」我向一位服務生請教健行步道的事情，他不太清楚，就去把旅館經理請來，而經理跟我詳細解釋了一遍。之後我還跟接待處的小姐提到：「床上的抱枕真的很漂亮。」

「是啊。」她回答我：「老闆**對每個細節都很講究**，那些寢具都是她自己挑的。」

「妳在這裡工作多久了？」我問。

「四年。」她自豪的回答我，然後一口氣說出資深員工的年資：經理十四年、副理十二年，業務主管稍微少一點。

為什麼沒辦法讓所有組織都像這樣？員工、主管、老闆，只要有機會，都會**想照顧別人**。人類有靈魂，為什麼醫院與旅館就不能有？為什麼我們打造了大型機構，卻讓不擅管理的人任其凋零？**靈魂確實需要修復，正如許多管理方式**。

五個簡單步驟，讓你的管理沒有靈魂

以下這五個簡單步驟，任何人都辦得到。

一、管理淨利：只要管好錢就能賺錢，而不必花多餘的心思在產品、服務顧客上。

二、制定所有的行動計畫：不需要自發性的喜悅，也不用學習，按照計畫執行就對了。

三、經常輪調經理、主管：讓他們除了（勉強會）管理之外，其他什麼都不用學。

四、用採購物料的方式，僱用與解僱人力資源。

五、所有事情限制在五個簡單的步驟內解決。

其實你做的所有事情，都應該用以上這五個訊息來警惕自己。

6 網路讓管理進化了也退化了

管理的本質是不變的，它是一種需要熟練技藝的實務技術，而不是基於分析科學或專業理論。管理的主題或許會變，但有效的實務是不變的。

難道這表示所有新的數位科技，尤其是電子郵件，並沒有改變管理的本質嗎？沒錯，只有一個例外：這些科技過度強調實務上盛行已久的管理特性，結果導致走火入魔。

管理的特性

根據我最初的研究，管理是一種忙亂的工作，節奏快、壓力大、行動導向、常被干擾。某位執行長一言以蔽之：「**管理就是鳥事一件接著一件。**」

這份工作幾乎都是靠嘴巴，管理者說話與聆聽的次數比讀寫還多，而且橫向溝通跟垂直傳達頻率一樣多，多數管理者花在與其他單位同事溝通的時間，都至少跟自己單位一樣多，但這些都不能算是管理不善，而是管理的常態。

瑪雅（Maya），正在「管理」。

網路的衝擊

那麼，新的數位科技，尤其是電子郵件，會怎麼影響這個管理的常態？

一、有個似是而非的觀念：無論對方身處何方，你都能和他即時溝通，而這個功能加快了管理的步調，並且增加了壓力與干擾。如果你收到電子郵件，最好立刻回覆。但請勿被騙了，就算在網路問世之前，就有證據顯示管理者是自願被干擾的，現在只是變得更嚴重，因為每「叮咚」一次，你就要查看訊息並立刻回覆。有一位執行長就跟採訪記者說：「你永遠逃不了，沒有地方可以讓你好好思考。」錯了！其實你**愛去哪裡就可以去哪裡**。

二、網路的連動功能，讓管理者需要更迅速的行動，每件事都應該要快速、即時處理。科技不算是行動的一環（經理看著螢幕可不算行動），卻使**管理的行動導向更加惡化**，實在有夠諷刺。這些電子資訊飛來飛去，讓活動過度的情況更嚴重了。（如果你在星期天晚上讀到這篇床邊故事，請順便查看一下你的電子郵件，因為你老闆或你自己，可能在週一早上排了會議。）

三、每天花更多時間看螢幕與打字，就表示你**跟人面對面溝通的時間變少了**，一天就只有這麼多時間而已，而你現在多花了多少時間在看螢幕與打字，卻不是與同事、孩子相處，或是好好睡一覺（讀完這篇故事後）？

四、電子郵件受限於文字的貧乏表現力，沒有語調可以聽、沒有姿勢能觀察、沒有實體的感受；可是**管理還是要仰賴這些文字以外的訊息**，電話的另一頭是大笑還是咕噥？會議上大家是點頭同意，還是低頭打瞌睡？敏銳的管理者能夠察覺這些肢體語言。

五、當然，電子郵件讓人能透過無孔不入的網路來持續接觸，那坐附近的同事呢？你坐在螢幕前，就有跟他們接觸了？某位資深政府官員，跟我吹噓他每天早上都透過電子郵件跟部屬持續接觸，但我覺得他只有接觸到鍵盤而已。

這些快節奏的管理特性，如果不加以限制就會失控，超出這些限制你就必須承擔風險。**新科技的魔鬼就藏在細節裡，當忙亂變成狂亂，管理者可能**

更無法掌控工作，因此成為組織的威脅。**網路表面上增加了控制力，實際上卻奪走許多管理者對工作的掌控。**

數位時代或許讓很多管理實務走火入魔，變得太過疏離與表面。所以別讓新科技控制你，別讓自己被它們催眠了。除了好處以外，你也要了解它們具有危險性，這樣你就能夠管理新科技，而不是被新科技管理。祝福你有個美夢！

我們真的活在巨變的時代嗎？

當執行長坐在電腦前準備演講，電腦就會自動打出一句話：「**我們活在巨變的時代**。」這是因為過去五十年來，幾乎每場演講都是用這句話當開頭，從來沒變過。

我們真的活在巨變的時代嗎？請看看四周，再告訴我哪些事情有重大改變。食品？家具？朋友？興趣？你是打領帶還是穿高跟鞋？還有其他答案嗎？那汽車引擎呢？搞不好它的基礎技術是沿用福特T型車的（按：福特於二十世紀初推出的一款汽車，汽車普及化的始祖）。你早上穿衣服的時候，是否問過自己：「既然我們活在巨變的時代，為什麼還在扣釦子？」釦子早在十三世紀就出現在德國了。

我想說的是，我們只注意到正在改變的事物，但大部分事物其實都沒變。當然，我們都注意到了網路帶來的重大改變（我在維基百科打了幾個字，就查到釦子的起源），但你要試著注意所有沒改變的事物，因為**只顧著管理你看到的變化卻不依照連貫性管理，結果就會是一團亂**。

7 當主管你得先做再想，生小孩不能先做再想

該怎麼決策？很簡單。第一步先診斷，然後設計可行方案並決定，最後再去執行（將選項付諸行動）。換句話說，我們為了行動而思考，而我稱之為「先想再做」。

想一下人生當中最重要的決定之一：找對象。你有先想再做嗎？以這個模式為前提，假設你是一個男生，正在找女朋友，首先你會列出理想的特質，例如「聰慧」、「美麗」、「靦腆」，接著你再列出所有可能的候選對象。再來進行分析：用一整張清單的準則來替候選人評分。最後再把分數加總，看看誰的得分最高，然後跟這位幸運的女性告白：「我想跟妳在一起！」

結果人家跟你說：「你還在評分的時候，我已經結婚生小孩了。」先想再做確實有其缺點。

所以你可能跟我爸一樣，他跟我爺爺說：「我今天遇到了未來的老婆！」我跟你保證，這個決策半點分析都沒有，但結果是好的——我爸媽的婚姻天長地久、幸福美滿。

這就是**所謂的「一見鍾情」，也算一種決策模式**，我稱之為「先看再做」。其實很多重要決策都是這樣決定的，你可能覺得很意外，例如兩秒就僱用應徵者，或是看某個設施很漂亮就馬上買下來，這不

……有時候是用看的。

一定都是一時興起，也有可能是獨具慧眼。

但先別急，其實還有一個更合理的決策方式，我稱之為「先做再想」。至於你該怎麼靠這招找對象，就留給你自己好好思考，我只想說，在不確定該怎麼處理**各種大大小小的決策時，或許可以先做看看才有辦法思考**，而不是思考完才能執行。你可以稍微試試有沒有效，如果無效就試試別的方法，直到找到可行的方法，再盡力去做。先從小地方著手，才能慢慢學到更重要的事物。

當然這方法也有缺點。有一位專精決策的教授叫做泰瑞·康諾利（Terry Connolly），他諷刺道：「核戰跟生小孩，都不能『先稍微試試看再說』。」但有許多決策都非常適合先做再想這個方法。粉刷房間時，先刷一塊小小的藍色，再等你一回神，整片牆已經五彩繽紛了。

有重要的決策要做嗎？很好，記住剛剛教你的方法。明天就到處嘗試，就去做吧！你就會發現自己的思路漸漸改變了。

8 策略要像長雜草，而不是種番茄

要不要來一點策略？能否讓我指點迷津？幾乎所有書籍與文章都會談到這個主題，但我的說法也許比他們多了一點風格。

溫室策略執行程序

一、公司最主要的策略制定者，就是執行長，他是種下所有策略的那個人。其他經理則負責施肥，而顧問提供建議（有時甚至會直接提供策略，但這件事請勿張揚）。

二、規畫人員分析相關資料，讓執行長能夠有意識的控制思考過程，然後制定策略，就好比在溫室裡種番茄一樣。

三、透過這個毫無瑕疵的生產流程，然後再修飾得更正式、更明確，就像成熟的番茄經過細心挑選過再送到市場。

四、接著大家根據這個流程，擬定預算，設計架構，也就是這個執行「溫室模式」的策略。假如策略失敗，就會歸咎於執行面，也就是「這群傢伙真笨！不懂怎麼完美實現執行長的優秀策略」。但說這句話的時候請務必小心，假如這些傢伙夠聰明，他們會問：「既然你這麼厲害，為什麼不制定一個連我們這群蠢蛋都能實行的策略？」你

如此的生意盎然啊！

看，**每次執行失敗，其實也就代表策略制定的失敗。**

五、因此，想管理這個流程，就要小心安排種植策略，並確保一定能夠按照預定的時程生長，這樣才最能搶到市場的甜蜜點。

等等，別急著照這個方法制定策略，其實還有另一種方式！

草根策略執行程序

一、**讓策略像花園裡雜草蔓延生長；不必像溫室裡的番茄刻意栽培。**讓它們自己成形，而不必特別想方設法去制定，因為決策與行動會一個接一個合併起來，成為連貫的模式。換句話說，策略會透過學習的過程逐漸浮現。如果溫室一定要蓋，可以暫緩一下。

二、這些策略可以根植於各種地方，只要大家有上進學習的心，而且有充足的資源。只要有任何機會，就能想到新點子，並且進而演變成策略。例如工程師遇到了顧客之後，腦海裡就開始想像新產品，他既沒有討論也沒有計畫，就開始打造產品，新策略的種子或許就此種下了。重點在於，**組織無法每次都規畫策略該從哪裡開始、到哪裡結束**，所以有成效的策略制定者，會在肥沃的土壤上建造花園，而各種想法就能在此生根，其中條件最好的植物還能越長越高大。

三、當每個人的**想法遍及於整個組織時，就形成了策略**。其他工程師看到領頭羊的作為，紛紛效仿其作為，然後業務人員就瞬間明白產品該怎麼銷售了。轉眼間，整個組織有了新策略（因為組織活動有了新模式），就連公司高層都很意外，再怎麼說，雜草會長滿整個花園，掩蓋了一般植物的風采，但假如雜草出乎意料的長成美麗植物呢？只要改變觀點，新的策略就會展現其真正價值。就像歐洲人喜歡吃蒲公英葉沙拉，但對美國人來說，它卻是最惡名昭彰的雜草。

四、當然，一旦新出現的策略有其價值，它的增生狀況就能受到管理，就像園丁修剪植物一樣。於是**意外產生的新策略，得到大家的共識，就變成深思熟慮的前瞻策略**，管理者只需要知道何時該採收已成熟的策略，以及何時該種植新品種替換即可。

五、因此，管理這個流程並不單單只是規畫或制定，而是要及早識別出剛萌芽的策略，並在適當時機介入。真正有害的雜草，一旦發現就要立刻根除，但只要這株雜草有可能結出果實，就值得花心思繼續觀察。事實上，有時候還可以裝作沒發現，直到它結出果實或枯萎凋零，接著你就可以在結出果實的植物周圍建築溫室。

想必現在你已經做好制定策略的準備了，因為你已不再拘泥於「策略」兩字，而且「學習」的比重遠遠超過「規畫」。

第二章

組織要像有間隙的穀倉

我問一位顧問：「所以你在幫忙建立組織的秩序？」

他回答：「沒有，我只是幫忙把組織搞得更亂。」

1 讓我們學牛走路，不管你是沙朗還是丁骨

本篇故事似乎很輕鬆，但是其實沒有！下面這張圖不只是一頭牛，而是一張「牛肉部位圖」。如果是健康的牛，這些部位其實不需要知道自己的名稱，因為它們齊心協力、不分彼此，組織起來讓牛可以穩健的邁步往前。所以你希望你的組織像一張數據圖表運作，還是要像一頭牛穩穩前進？

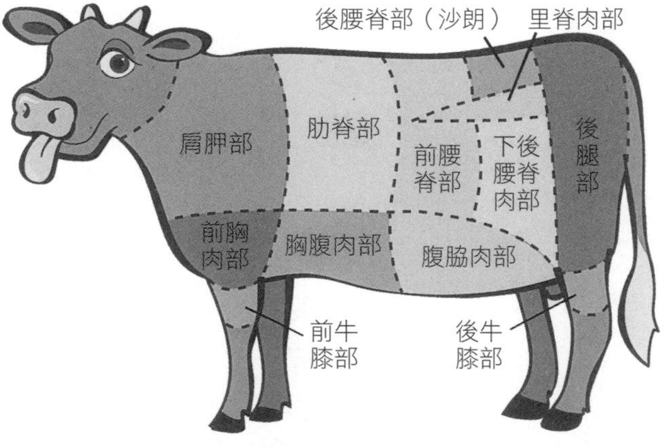

牛肉部位名稱

這是一個很嚴肅的問題，請好好思考。牛的每個部位一起運作，讓身軀往前，那為什麼公司團體合作的時候會有這麼多問題？我們對組織真的如此困惑，而且不斷沉迷於一大堆圖表。

我在國際管理碩士課程中，曾經討論到這頭牛。在印度開課的時候，我們一群經理人橫越街道時，又體驗到另一個關於牛的故事。麥基爾大學的同事朵拉．庫普（Dora Koop）告訴我：「來這裡的第一天，有人說，橫越印度的街道時要『學牛走路』。所有人要擠在一起，不能輕舉妄動。所以我們慢慢過街，車子陸續從旁邊經過。後來整個課程大家都拿牛來比喻，提醒大家組織的運作要像『學牛走路』。」

想像一下，一群人合為一體，齊心且堅定的度過混亂，接著再想像組織內部的人也這樣做。我們學牛走路，就能像牛的各個部位一樣齊力運作：無論走路或工作，大家都要團結。**這是比領導力這頭「聖牛」更重要的概念，叫做「群體力」（communityship），我發明這個詞希望可以告訴大家，領導力沒那麼崇高。**

2 工作場所使人感受到能量，就不需要白馬騎士

提到「組織」，我們就會想到領導。這就是數據圖表無所不在的原因。它只告訴我們「誰有指揮權？」，卻沒說「誰跟誰要合作？用什麼方式？」。我們為什麼這麼迷戀權威？下一頁的圖一是一個組織，圖二則是組織重整。

有發現什麼差別嗎？少數格子

我的兩個孫子蘿拉（Laura）與托馬斯（Tomas）、他們的狗狗泰迪（Teddy）、木雕泰德（Ted）。
攝影：蘇珊．明茲柏格（Susan Mintzberg）。

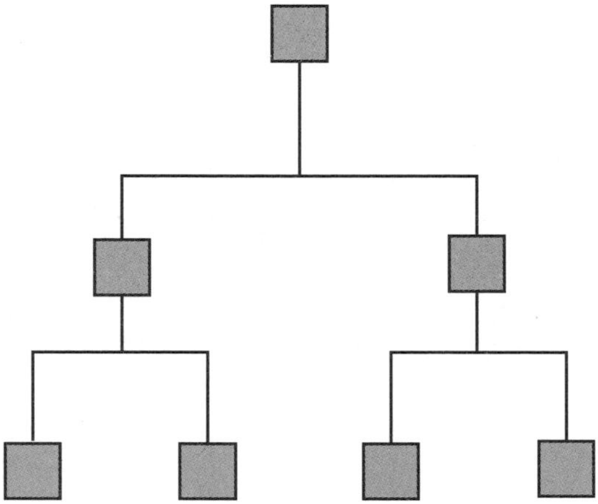

（圖一）這叫做組織

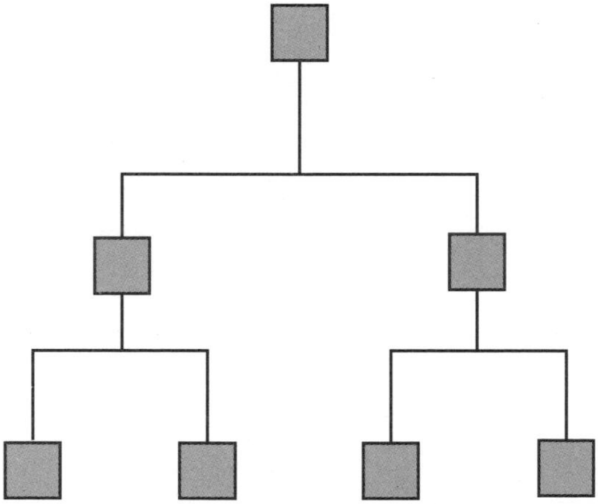

（圖二）這叫做組織重整

內的名字會改變，但組織圖還是長得一樣。難道組織重整就只是把大家調來調去而已嗎？

你知道為什麼組織重整這麼受歡迎嗎？因為它太容易了。把組織圖上的員工洗牌一下，世界就會改變（至少圖中的名字變了）。那再請你想像一下，不是調動組織圖上的名字，而是調動辦公室的座位，形成同事間的新連結。

說到「領導」，我們腦中就會浮現一位領袖的印象，而且通常會指望這位「白馬騎士」（按：white knight，救援者）能拯救蒼生（但他也可能衝進萬丈深淵裡）。但假如這個人是領袖，其他人就一定是追隨者。但我們真的希望世界是由追隨者組成嗎？

想一下你最欽佩的知名組織，我敢打賭它絕對存在群體力的概念，超越任何領導力。**最有效的組織是人員群體，而非人力資源的集合調度。**

要怎麼識別組織內的群體力呢？很簡單：你在工作場所感覺到能量、使命感，以及大家為了共同的目標而努力。他們不需要被正式授權，因為自然而然就會投入其中。他們尊重組織，因為組織也尊重他們。員工們不必擔心自己因為領導者沒達成獲利目標而被開除。

我們當然需要領導力，尤其是要在新組織中建立群體力，或是維持現有組織的群體力時。**但是不需要沉迷於領導力**，認為某人比其他人更傑出，好像他就是組織中最重要的人（而且也最高薪）。所以我們**應該將剛剛好的領導力，深植於群體力之中。**

3 阿拉伯之春寒冬收場，網路會讓人賠上什麼？

如果你想了解社群網路與群體的差別，不妨請你的臉書好友幫你粉刷房子。**網路只能聯繫人，但群體能夠照顧人**。

社群媒體可以讓我們與任何一端的人聯繫，因此大幅拓展了我們的網路交友圈，但我們也**可能賠上了現實的人際關係**。許多人忙著傳

以前的市場（圖片來源：巴西 Grande Bahia 期刊〔JGB〕）。

簡訊與發推特，幾乎沒時間跟人見面和沉思。**我們從哪裡獲得意義？**給你一個重要答案：**在工作與生活的群體中，與別人面對面接觸。**

馬修．麥克魯漢（Marshall McLuhan）曾寫過著名的文章，探討新興科技創造的地球村。但這根本不叫村子，在傳統的村子裡，你在當地市場與鄰居聯繫，市場就是群體的核心與靈魂，假如鄰居的穀倉失火燒毀，你會盡力幫忙重建。

在今日的地球村，最重要的市場就是沒靈魂的股市，而你待在家裡敲擊鍵盤的時候，傳訊息給某些

現在的市場（圖片來源：Newcam Services 公司，紐約證券交易所）。

不認識的「朋友」。人際關係久未經營，因而變得遙不可及，就像網路上虛構的愛情幻想文。

在《紐約時報》（*New York Times*）的專欄中，湯馬斯．佛里曼（Thomas Friedman）引用了一位埃及朋友對於二〇一一年「阿拉伯之春」抗議運動（按：Arab Spring，阿拉伯世界的革命浪潮，主要訴求為民主與經濟，而埃及的首都開羅也有參與）的評論：「臉書確實幫助人們交流，但沒有幫助人們合作。」佛里曼還補充一句：「最糟糕的是，**社群媒體可能成為實際行動的替代品，而且令人上癮。**」這就是為什麼，大型運動能喚起社會改革的意識，而改革多半是從社區型的小團體開始發起的。

4 宜家家居賣DIY家具，是誰了不起？

公司來了一位新的執行長，他要在一百天內衝出績效給投資人看，趕緊加快腳步，改造公司吧！

由上而下轉型

但改造要從哪裡開始呢？很簡單：由上而下轉型。法王路易十四曾說：「朕即國家！」（L'état, c'est moi!）今日的執行長也該說一句：「我即公司！」

約翰・科特（John Kotter）曾於哈佛商學院寫過關於公司轉型的文章，廣為流傳：「有六二％的案例，都是靠管理者的英雄作風獨自行動。」以下是科特的轉型要訣，共有八個步驟：

一、建立急迫感。
二、形成強力的領導聯盟。
三、打造願景。
四、傳達願景。
五、授權給其他人，讓他們遵照願景行動。
六、規畫並創造短期成功。
七、鞏固改革，創造更多改變。
八、將新方法制度化。

請把這些步驟再讀一遍，然後反問自己這些步驟要誰來做？其實都是執行長（這答案是經過哈佛認證的）。每個人都要服從，並且追求執行長的願景，意思就是一個領袖和眾多追隨者。沒錯，這篇文章主張「抗拒改革力量的強大個體，必須劃除」。但萬一他們抗拒的理由是對的呢？就不能爭辯或討論一下嗎？難道二十一世紀的企業，還要模仿路易十四的宮廷？

仔細思考這些步驟吧。「建立急迫感」向前衝，為什麼？因為華爾街的狼群在門前咆哮嗎？以高階經理為中心組成的「領導聯盟」，能夠打造願景……這是怎麼一回事？憑空變出來的嗎？怪不得一大堆公司的策略都抄來抄去，還美其名為「願景」。

接著，向基層的追隨者傳達願景，再授權給他們，讓他們遵照願景行動……真是陳腔濫調，難道員工做自己分內的工作，還要先等執行長點頭？

然後，創造更多改變來確保短期成功。我之前說過，缺乏連貫性的改變，會是一場混亂，而當你創造出越來越多的改變時，會有連貫性嗎？最後，別忘了將這些改變「制度化」，因為願景在步驟三就已經打造完成了。

由下往上參與

如果改革這麼棒，那為什麼不改革一下「改革的過程」？為什麼不把高層的改革比喻成扭曲部屬的行為，每一次的改革，就是在大家忙著製造產品與服務顧客的時候，勉強擠出來的策略？

這裡舉一個很突出的例子：宜家家居（IKEA）為什麼會販售DIY家具，讓顧客開車載回家，同時間公司與顧客也可以省下一大筆錢？這個強大且具啟發性的願景，使這間公司與整個家具產業都轉型了，但其實靈感是來自於一名基層員工。根據宜家家居官網刊載：「一位元老級員工，把矮桌的桌腳拆下來，以便放進車裡，同時避免運送時受損。『平板紙箱包裝』就是這麼來的。」

雖然官網沒寫，但鐵定有人會想到：「既然我們要拆桌腳，那顧客也要拆吧？」這個人可能是基層員工、經理、甚至執行長，因為認真的企業家會花許多時間在基層工作上。就算不是執行長自己想的，起碼他也聽到了這個意見，並給予支持。這表示宜家家居是個開放溝通的組織，而非階級分明，錯失許多好點子。換言之，這種改革是拜開放文化所賜，而不是轉型。

所以，與其採用由上而下的轉型模式，何不改採由下往上的參與過程？

以下是一些由下而上參與的基本概念，提醒你，這不是步驟，非線性連貫、沒有先後順序，而是混合在一起的，其實就是真正的改革。

任何人都能想出足以成為願景的概念。把桌腳拆下來沒什麼了不起，但它促成了轉型就是非常了不起的事情。**溝通管道是開放的，這樣才能匯集點子**。不分階級高低，大家就能透過有彈性的網絡連結來聯繫。為求進步，他們會傾聽各方意見，甚至包括反對者。因此，**策略是透過學習形成，而不是規畫**，策略不必完美無瑕。競爭分析或許有幫助，但基本上還是要靠參與者集思廣益，想出令人出乎意料的策略。

當然，**有人必須將不同的意見整合起來，這個人通常就是在上頭監督事務發展的管理者**。最後一點，組織有時確實需要轉型，例如市場突然大幅改變，使組織陷入危機時。但投入轉型的組織，其實有很多是因為溝通不良造成的。反過來說，保持溝通順暢的組織就比較不需要轉型。所以管理者、專家與教授們最好小心看待轉型，並把更多注意力放在群體力上。

5

想創意時別按規矩，該按規矩的別搞創意

哺乳動物有物種之分，而組織也一樣，千萬不要把各種組織混為一談。熊就是熊，不會是河狸：冬天的時候，前者睡在洞裡，後者則睡在自己用樹枝蓋的巢裡。同樣的，醫院不是工廠，電影公司更不是核子反應爐。

這聽起來像是廢話，但其實我

每一隻鳥都長得一樣嗎？

們很擅長把不同種類的組織混為一談。我們用來理解組織的字彙，是非常粗糙未開化的。我們使用組織這個詞的方式，就跟生物學家使用哺乳動物一樣，可是他們會區分不同的物種綱目，而我們卻不會。

想像一下，有兩位生物學家在討論哺乳動物會在哪裡過冬。研究熊的生物學家說：「在洞裡過冬。」另一位研究河狸的則回答：「開什麼玩笑？掠食者會闖進去吃了牠們！牠們必須用蒐集來的樹枝，建造防禦用的巢穴。」對方又回他：「你才在開玩笑！」他們就這樣你來我往，就像醫院的主任試著跟顧問解釋：「醫院又不是工廠！」

幾年前我在《組織架構的設計》（*The Structuring of Organizations*）一書中就提過這個問題。這本書是我最成功的著作，但顯然還不夠，因為我們現在討論組織的方式還是一樣原始。所以我想再試一次，提出我的四個組織基本種類概念架構。

程序機器

許多組織運作起來就像上了油的機器，他們追求效率，也就是投入的資源數量要得到最大的報酬回饋。因為這樣，每件事都要測量、編排到極致，比方說麥當勞的廚師煎漢堡肉的時候，要煎幾秒再翻面？這樣做比較容易訓練員工，但無法讓員工有參與感，他們的工作可能很無聊，又被管得很嚴。程序機器的優點立竿見影，例如你希望旅館八點叫你起床，電話早上八點就會準時響起！

所有的狗都長得不一樣。

但別指望這類組織會有所創新。難道你希望在旅館房間拿起枕頭的時候，有人會跳出來跟你說「有沒有嚇一跳？」這樣會讓你很開心？但大家倒是很期待廣告商可以拍出這種廣告。

專業集合

這種組織也是講求程序的，但方法截然不同。比起效率，它更重視「專精」。在醫院、會計師事務所與許多工程公司，重要的工作都需要高度技術，而且必須經過好幾年的訓練或實習，雖然其中大多數的工作規律到令人意外。你被推進手術室的時候，護理師絕對不會跟你說：「請你不必擔心，這位執刀醫師非常有創意！」

在這種組織裡，專家看似團隊合作，但多半是獨立作業；他們受過訓練，非常清楚其他人的職責。我有一位博士生，曾經觀摩長達五小時的心臟手術，執刀醫師與麻醉醫師完全沒有交談。

一人公司

這種組織由一個人支配，重視極權領導。你會想到蘋果的史蒂夫・賈伯斯（Steve Jobs），或者穆罕默德・尤納斯（Muhammad Yunus），他在孟加拉鄉村銀行（Grameen Bank）創設了「微型金融」（microfinancing），作為社會企業（**按：同時具備社會關懷與獲利能力的公司型態**）。有時身處危機的舊組織也會採取這個形式，將權力集中給一個人定奪。多數的小組織（例如你家巷口那間雜貨店）也都只有一個人在管，那個人通常就是老闆，因為管理方便。此外還有那些極權國家，也是由獨裁者發號施令。

當一人公司的老闆說：「給我跳！」部屬會回答：「長官，請問要跳多高？」但醫院院長說：「給我跳！」醫師會問：「你有事嗎？」

專案開發人

這個種類跟前三種又不一樣。它的工作內容也需要高度技能，但專家必須團隊合作，為了創新而同心協力。你可能會想到電影公司、廣告代理商與實驗室，它們都是以專案為中心來組織，以便打造新穎的產物，如電影、廣告行銷或新產品。要了解這種組織，必須先知道：沒效率反而使它們更容易獲得成效。沒有放鬆的空間，就不會有創新。

每個組織種類都有自己的架構，以及自己的管理風格。而且它們豈止擁有不同文化而已；它們本來就是每一種不同的文化。你只要走進不同的組織裡，就一定能感受到差異。

但在談論組織的眾多理論中，絕大多數都是在談程序機器，而且作者甚至不知道這個事實。我們不斷讀到「嚴格控制」與「集中規畫」的必要性，眼前所有事情都要測量、效率是第一指標。或者，我們會讀到該如何改善這種組織：「引進『人肉機器』的維修團隊。」這句話曾經是如此的擲地有聲！

我在談論組織種類的時候，好像每個組織都專屬於某一種類，例如麥當勞是程序機器，美國前總統川普的公司是一人公司。但是宛如機器的大型製造商，也可能設有專案部門來負責新產品研發；而專業的醫院也可能設有機械程序般的餐廳；更別說當手術出了狀況，手術團隊就必須有所發想來解決問題。此外還有混合各種類型的組織，例如製藥公司的研究部門靠的是實驗，開發部門是靠專業，而製造部門就像是機器。

這種混合組織算是在否定我前述的分類架構嗎？剛好相反，這表示我們可以用這些分類字彙，更明智的討論組織內的不同事務。

6 管理職該放在公司哪個位置？

你在組織內一定會說高階管理跟中階管理，那為什麼不說「低階管理」？如果最高階有一個經理，還有一些經理位於中階，剩下的經理就是在低階？這告訴了我們：高階就只是個比喻，而且是很不恰當的比喻。請問是「高」在哪裡？

一、在圖表上一定很高（如下

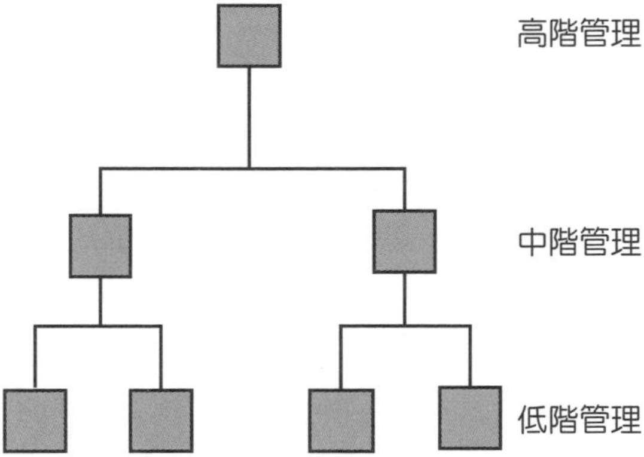

管理階層

圖）。但你把圖表從牆上拿下來平放在桌上，會發現他其實跟大家一樣高。

二、薪水也很高。可是任何人只要領了基層員工的數百倍的薪水，我們就該稱他為「領導者」嗎？

三、他們的辦公室通常也在高樓層，但高階經理往下一看，一切都稀鬆平常，沒有什麼特別的。順帶一提，丹佛市最低階的低階經理，比紐約市最高階的高階經理位置高了好幾千

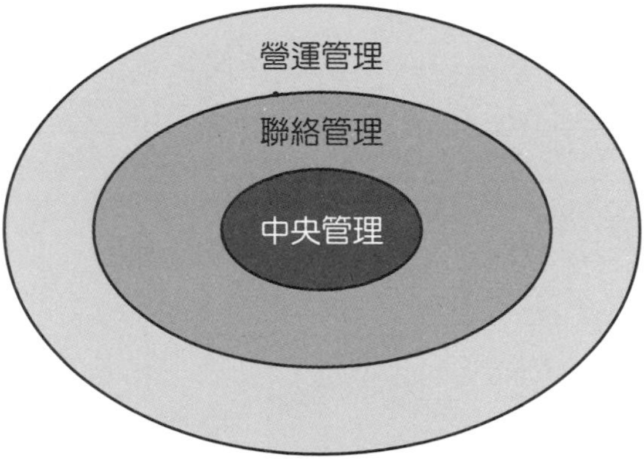

管理階層

英尺（海拔）。

四、好吧，那就是他高高在上，掌控組織事務嗎？絕對不是。若把自己視為組織高層，就不可能確實掌握組織事務。說到高層，我們腦海裡會浮現一個站在雲端上的傢伙，而且他還不食人間煙火。

那何不把「高階管理」這個詞，換成「中央管理」呢（見右頁圖）？組織的最外圈是面對外界的經理，最貼近顧客、產品與服務。我們稱他們為營運經理。而在他們與中央經理之間，則是聯絡經理，他們負責將中央的命令傳達給第一線的營運人員（等於中階經理負責上情下達），但也會將營運人員的最佳點子回報給中央，比起營運人員像薛西弗斯一樣把自己的點子「推上山」，這樣傳達有成效多了。（按：薛西弗斯〔Sisyphus〕是希臘神話中一位被懲罰的人。他受罰的方式是必須將一塊巨石推上山頂，而每次到達山頂後巨石又滾回山下，如此永無止境的重複下去。）

這種說法並非把中階經理當成組織的「負擔」（也就是縮編時第一個被

砍的對象），而是將他們視為聯絡經理，是建設性改革的關鍵。事實上，他們其中的佼佼者，不但能夠領略大局，也有足夠的基層經驗能協助發展局勢。

但這個觀點也有問題，你只要想像中央有一個人存在，組織就會「集中化」，每件事都繞著那個人打轉。這對於一人公司來說或許還行，但如果是專案先鋒團隊呢？既然這樣，為什麼不把組織想成一張網，讓所有人都能夠直接與其他人互動？

可是，管理者要擺在這張網的

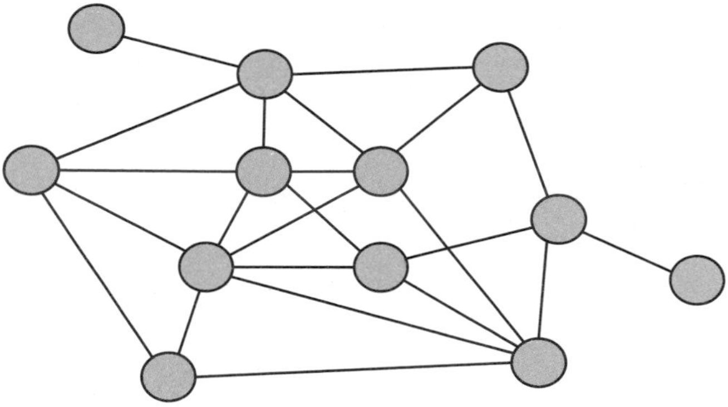

組織網

哪個位置？很簡單，哪裡都可以，也就是走出辦公室與高樓層，走進組織裡真正活躍的地方，只要管理者這麼做，這個網絡就能夠群體並行運作。

結論是，如果你想替你的組織做些有效的縮編，請先從停用「高階管理」這個膨脹的字眼開始吧，這樣你就能夠四處看看（而不是居高臨下），也可以了解誰最能把每件工作做到最好。

7 公司不能天衣無縫

我們都知道用「穀倉」（silos）形容組織，這些垂直圓柱將組織內部的人垂直分隔，所以產品部門與銷售部門、醫師與護理師都不相往來。關於穀倉這個觀念，我們應該都聽到膩了。

好吧，那我們來談談「樓板」（slabs）組織，一種阻礙資訊自由流動的水平障礙。其實，我們都知

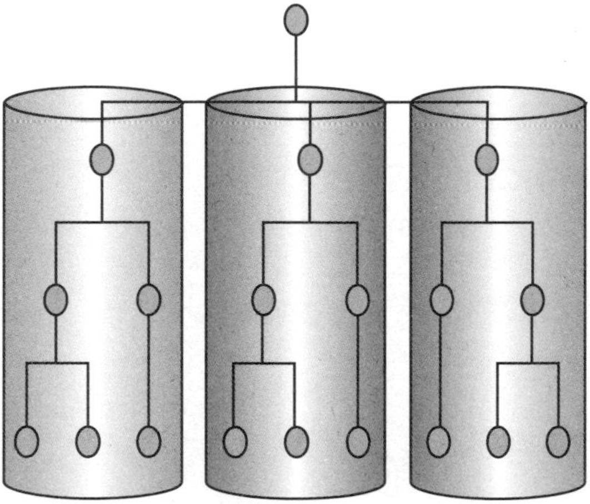

組織內的穀倉

道它的存在，只是不知道有這個名稱。有一家位於捷克的公司，裡頭有七位主管，坐鎮在高樓層，就像神壇一樣與世隔絕，員工對此議論紛紛。而女性同仁長期以來，都在抱怨「玻璃天花板」（按：glass ceiling，是指在公司、企業和機關、團體中對某些族群如女性、少數族裔，晉升到高級職位或決策層的潛在限制或障礙）讓她們無法晉升。

有一次，我替銀行高階經理開了一場研討會，討論穀倉與樓板概念。他們都認為問題出在穀倉，而不是樓板。於是我建議：「你們真

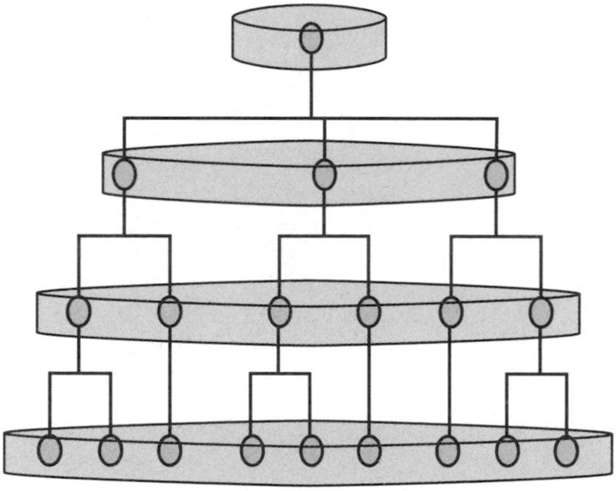

組織內的樓板

該去問問低你一、兩層樓板的人。」

為了專業化，我們或許需要穀倉，但我們不需要打不穿的牆壁。再用一種比喻：組織不需要「天衣無縫」，而是要有適當的縫，穀倉彼此之間的聯繫就是縫隙。而橫跨不同權力層級的樓板，也是一樣的道理。難道執行長、營運長、財務長與人資長，就一定要一起坐在高處？

管理發展課程有一條基本規則，就是不同層級的經理不能混在一起。所以執行長就只能跟執行長在一起，中階經理只能跟中階經理在一起，依此類推。這是為什麼？彰顯地位高低嗎？許多長官已經花太多時間跟同層級的人來往了。他們真正該做的，是去理解其他類型的經理在想什麼。你們這些長官，是不是該稍微跟其他人交流一下？聽聽其他組織成員的抱怨，你就能得知自己圈內人不會跟你講的事情。

或者，你是不是該走下神壇，把辦公桌擺在觀點不同的人旁邊？日本護理用品製造商花王（Kao Corporation），最出名的地方，在於會議是在開放空間召開的，每個路過的人都可以加入，所以你會在執行委員會看到工廠組長，或在製程會議看到行政主管。據說巴西公司 Semco（按：巴西最大的貨船及食品加工設備製造商）的董事會議，會保留兩個座位給基層勞工。一旦你領悟到**樓板只不過是我們「缺乏想像力的虛構想法」，就能輕易打破它。**

8 歐亞本就連一塊，誰把歐、亞分開來？

想像一下你在印度，替一間全球食品公司管理起司類產品，或是在加拿大蒙特婁，替魁北克醫療保險體系（Quebec Medicare system）經營一間綜合醫院。聽起來還滿單純的吧？

現在你再想像一下，你在印度的起司業績非常好，於是公司請你管理全亞洲的起司產品。或者你在蒙特婁接受指派，除了原本的醫院之外還要管理一間社區診所，必須往返兩地，或是坐鎮在某間辦公室收發電子郵件。

覺得太超過嗎？不瞞你說，魁北克某個地區的政府指派規模可是超過了前例的九倍，它居然分派一個管理職位負責九個不同的機構：醫院、社區診所、復健中心、安寧護理單位以及其他各種社會服務。這九個機構原本的經理都被解僱了，換成一位經理掌管所有工作。這樣確實省了不少錢，但也造成了不少混亂。

無法管理的管理工作

有些管理工作比較合乎自然，但有些就怪怪的。在印度賣起司聽起來還可以，可是在亞洲賣起司呢？管理一個醫療機構當然沒問題，但管理兩個截然不同的機構呢？更別說九個了！

為什麼我們可以容忍無法管理的管理工作？在幾年前，集團企業（按：conglomerates，跨產業發展的企業）的概念風靡一時。假如你懂管理，你就可以一口氣管理所有類型的事業，例如一手掌管電影製片廠、核子反應爐跟指甲沙龍連鎖店。幸好那個時代過去了，但也只是換成內部集團（internal conglomeration）。現在最流行的管理風氣，是由一位經理負責管理同一事業體內，各種混亂並且令人困惑的活動事務。

之所以會發生這種現象，是因為**畫組織圖表比管理組織簡單太多了**，而且這樣做還能省一大筆錢。你只需要一位「大組織家」（Great Organizer）坐在辦公室裡，然後進行以下步驟：

一、把各種事業擠在一張圖表上。

二、替每個事業群畫一個格子。

三、替每個格子取一個名字（「亞洲起司事業」或「魁北克健康與社會服務中心」之類的）。

四、把所有事業群的員工叫到面前排隊好站，讓他們徹底了解誰才是真正的老大。

五、把漂亮的圖表寄給所有相關人士，包括要捲鋪蓋回家的同事。

這不是很簡單嗎？還是有其他更複雜的步驟？

這一格叫做「亞洲」

印度人吃了不少起司，但是日本人就幾乎不吃起司。到底什麼是亞洲？

把印度跟日本算成同一洲，實在太不正經了，為什麼同屬一洲，國情差距卻如此巨大？

來看一下世界地圖，至少就地理上而言，多數的大陸（洲）都是被海洋圍繞，看起來是完整的一塊：非洲、北美洲、南美洲、南極洲（最明顯）、甚至澳洲。但亞洲是怎麼來的？它的西邊沒有海洋，而歐洲東邊也沒有海洋。亞洲人真該感謝歐洲人，因為七大洲最早是由歐洲人劃分的，歐洲人不想把自己漏掉，更不想併入歐亞大陸（或是不想跟日本、印度劃分在一起？），儘管事實就擺在地圖上。所以他們在歐洲與亞洲之間畫了一條線，沒有海洋，但他們並不是直接畫在陸地上，而是沿著山脈畫（照這個邏輯，智利自己也該算一洲）。這些製圖師只是把俄羅斯切成兩半，捏造出歐亞的邊界。

如今畫組織圖的人，就跟這些製圖師一樣。

最危險的管理者——視察分區業務

再回到正題吧。如果你正在管理亞洲的起司事業，可是亞洲有些地區的人愛吃起司，有些不愛吃，那該怎麼管理？而且原本管理印度事業的人（亞洲區業績最好的國家），經營得非常出色，你真該謝謝他。

如果你夠聰明的話，根本就不會想把起司事業拓展到日本。不過這樣你就沒辦法升官，晉升為亞洲食品事業的「起司王」（按：Big Cheese，也有「大人物」的意思，作者的雙關幽默），一手掌管泡菜、哈里薩辣醬、肉汁乾酪薯條，還有起司。所以你一定要一肩扛起整個亞洲的起司事業。

這就是問題的開端。請務必了解這個事實——管理者沒事幹，對公司而言是最危險的。管理者必須是個精力充沛的人，這也是他們能成為管理者的原因之一。所以當你派一個人去管理他無法管理的工作，他就會沒事找事做。印度、日本、外蒙古與巴布亞紐幾內亞的起司事業經理們，會齊心協力尋求「綜合效果」，互相幫忙把滯銷品賣掉，搞得像要準備撤離事業處一樣。

至於你，就只能呆坐在新加坡地區總部，沒事幹、打蚊子。於是你這位精力充沛的經理，開始搭飛機四處晃，你不是想微觀管理（這已經退流行了），只是想順道看看而已。「我是你老闆，負責亞洲區的起司事業。」你居高臨下，看著日本起司事業部的經理，然後開口說道：「我只是路過跟你聊聊，但既然我都來了，就想順便問幾個無傷大雅的問題：為什麼日本的起司賣不動？經營事業不就是要創造顧客嗎？他們不是有在吃韓國泡菜？也有吃在皮卡迪利圓環（按：Piccadilly Circus，倫敦最有名的圓形廣場）賣的印度酸辣醬吧？那他們為什麼不肯吃銀座的古岡左拉起司（Gorgonzola）？」

拋開格子

獨棟醫院很稀鬆平常，在印度賣起司也算合理。可是除此之外你也會看到，有人要去管理某地區，竟然只是因為有人在組織圖上畫了一個非常不自然的格子。其實，就算沒有劃分格子，我們也能組織自己。

9 董事會就像隻蜜蜂，比起被螫更怕嗡嗡嗡

在「治理」（governance）的名義下，董事會最近頗受關注，或許已經超過了應有的幅度，因為董事會做的事情通常都是在彰顯地位，而沒有實質意義。他們確實提供了一些具有建設性的指示，也扮演治理的角色，但效果還是非常有限。

在這些有建設性的指示中，包括向管理階層提供建議、測試新想法，以及協助募資。有影響力的董事會成員，能夠強化組織的聲譽，同時把組織與權力核心連結。

當董事會開始嗡嗡嗡

董事會真正的角色，是監督高階主管的活動，而且分為三個面向。第一，是指派長官（我用「長官」這個詞而不用「執行長」，是為了把非商業組織也納入）；第二，是評估他的績效；第三，是在必要時撤換掉他。有時當長官不適任時，董事會的成員也必須暫代職位。

董事不會控制組織，而是指派長官做事，自己則適時收手。長官拿著斧頭領軍作戰，董事會在後面擊鼓吶喊。當然，假如董事會不信任長官，就必須把他換掉，而非事後諸葛，而最棘手的地方，就在於董事會不能經常更換長官。

你可以把董事會想成一隻蜜蜂，在摘花的長官頭上盤旋。長官要很小心，而蜜蜂也只能螫一次人，所以牠最好也要小心。當然，董事會可以比蜜蜂更常出手，它能夠把長官一換再換，但如此一來，大家就開始擔心董事會成員是否適任了，況且大多數的現任董事會成員，都有很大的機率會把他們想換掉的人指派為長官。

狀況外的董事會

董事會定期召開會議，但次數並不頻繁，所以董事們完全不曉得組織發生了什麼事。這樣的話，他們怎麼知道何時該替換長官？況且這位長官，就是他們用來了解組織的主要管道！

董事會成員的社會地位，通常比組織內的其他人都還高，所以他們很難評估長官職位的內部候選人，使得挑選、評估與替換長官的問題更加惡化；這確實會讓他們傾向尋找外部人士（空降）。此外，董事會中地位較高的人，或許會依照自己的想像情況來挑人，但這些人選可能跟他們之後要管理的部屬，關係並不好。

有一種人跟上司關係很好，卻跟部屬關係很差，也就是我們在前文提到的「**欺下怕上**」。他們很**擅長跟大咖裝熟**，卻**完全不懂怎麼跟一般人共事**。

當心！蜜蜂來了

當然，隨著治理的組織特性不同，董事會要做的事也不一樣。我們前面的討論特別適用於公開上市公司，但在非上市公司，尤其是老闆一人獨大的公司，每個人都知道實權在誰手上，絕對不是董事會。

企業的董事通常自己就是商業人士，但假如他們擔任非商業組織（非營利組織、醫院、大學等）的董事，會發生什麼事？認為商業人士比較懂的董事，可能會成為組織的威脅，他們造成了雙重危險：喜歡插手組織事務、指派跟自己類似的人來經營組織。難道商業人士對教育與醫療保健的了解，會比教師與醫師的了解還多嗎？

這些組織較為不同，它們與利害關係人的關係更複雜，績效更難衡量，人員也比較接近「成員」（member）而不是「雇員」（employee）。我在之後的故事會談到，商業管理並不是控管所有事務的最好方法。

那這裡的重點是什麼？董事會是必要的，但又充滿問題。董事對於自己不了解的事、以及如何取得更正確的資訊（同時又不能被過多資訊干擾），都要有敏銳的知覺。而且不管哪一種組織的董事會，成員的組成務必多樣化，以彌補各自不足的地方。此外，他們也必須謹慎看待自己在嗡嗡叫的時候，甚至比螫到人時要更加令人畏懼。

第三章

管理的績效無法加總計算，得加總判斷

科學就像做愛，太過重視技巧會讓你陽痿。

——彼得．柏格（Peter L. Berger），美國社會學家

1 心智極度不尋常的人，才會分析顯而易見的事

羅伯特・卡普蘭（Robert Kaplan）與麥可・波特（Michael Porter）曾於《哈佛商業評論》（*Harvard Business Review*）發表一篇文章，開頭第一句話是：「無法衡量的事物，就無法被管理，這是眾所皆知的道理。」這句話確實是眾所皆知沒錯，但實在有夠愚昧。

分析如結網，總有什麼被纏住。

試問有誰成功衡量過文化、領導力，甚至全新產品的市場潛力？難道這些都沒辦法管理嗎？卡普蘭與波特有衡量過自己的建議多有效嗎？說真的，有誰評估過自己的衡量方法？而且每個人都假設方法很完美。那為什麼不計算一下管理的績效呢？（別急，我很快就會談到了。）

看來我們必須做出這樣的結論：衡量方法與管理職務，都無法被管理。可是你知道嗎？它們其實都能被管理。我們唯一要理解的事實，是世界上許多重要的事物都無法衡量。我們當然要衡量可以計算的事物，但不能被衡量方法給迷惑——而這就是我們經常遇到的問題。在這篇文章中，卡普蘭與波特提供了七個步驟，估計治療病患的總成本：

一、選擇病情，具體指出可能發生的併發症。

二、定義照護輸送價值鏈，再制定主要活動。

三、替每個照護活動規畫流程圖。

四、估算每個流程的耗費時間。

五、估計病患照護資源的成本。

六、核計每個資源的產能，並審核產能的投資報酬率。

七、總結照護病患的所有成本。

其實他們漏了一個步驟：

八、把上述這七個步驟的成本算進去。

不過，兩位撰文者舉了一個換膝蓋的例子，它包含了七十七個指令，這樣你就懂第八個步驟的用意了吧！再加上手肘、臀部、腦部、腸子、心臟與精神方面的疾病；療法的改善頻率與其因素；你可能會覺得，醫院裡的分析師就快比臨床醫師還多了。

況且這些工作的直接成本，還不是全部的成本。假如臨床醫師被迫記錄這麼多資料，結果分心了呢？再加上政治角力的成本——談不攏誰要在什麼時候衡量哪些人做了哪些事。分析師認為衡量指標是客觀的，但這些指標要等大家打到頭破血流之後才能決定。

想像一下，如果分析師用檢視別人的標準檢視自己；換句話說，就是他們分析自己。或許我們就能明白下述故事的含意。

幾年前，英國零售商馬莎百貨（Marks & Spencer），認為自己花太多錢控管店內存貨的搬運成本。如果要補滿貨架，店員要先填一張商品單，再將這張單子交給櫃檯的另一個店員，由他去拿貨。後來公司決定廢除這個流程，店員想補貨就自己去拿，不用填單交給另一店員。最後公司省下了數千名店員的薪水，以及兩千六百萬張紙與卡片。

英國數學家兼哲學家阿爾弗雷德．諾斯．懷海德（Alfred North Whitehead）曾說：「只有心智極度不尋常的人，才會著手分析顯而易見的事情。」分析師們，請謹記這句話。

2 史上最高效率交響樂團

一位年輕有熱忱的MBA學生，終於有機會能運用所學了。他接到指示去調查一個他不熟悉的組織，並提出建議改善績效，於是他選了交響樂團。他先好好回顧所學之後，再去聽人生第一場演奏會，並提出以下分析：

一、四位雙簧管演奏者，有很長一段時間都沒事做。所以我們應該減少雙簧管，整場演奏會的工作量應該分配得更平均，以消除員工活動量的尖峰和離峰差距。

二、二十支小提琴演奏同樣的音符。這種重複沒有必要，所以必須大幅縮減小提琴演奏者的數量。

三、設備報廢是另一個值得詳加調查的問題。演奏會指出，首席小提琴家的樂器已經有數百年的歷史，如果採用正常的設備折舊時間表，這把小提琴的價值現在已經為零，早就該採購新一點的設備了！

四、演奏的心力大都花在三十二分音符上，這種過度講究浪費成本。我建議所有音符都要無條件進位到十六分音符。這樣一來，就可以多利用一些實習生與技術員。

五、最後，曲子有太多重複的段落，應該要刪減至合理的長度。弦樂演奏過的段落，管樂根本不需要再演奏一次。根據我的估計，如果將所有多餘的段落刪掉，兩小時的演奏會就能縮減成二十分鐘，也就不需要多餘的中場休息了。

假如這位學生的研究對象是工廠，沒有人會笑他——至少那間工廠的員工不會笑他。換句話說，這份報告其實很嚴肅，不是刻意搞笑[註]。

註：一九五〇年代中期，這份報告刊登於一位美國教授的簡報、一份加拿大軍事期刊，以及一份哈潑出版社（Harper）的雜誌；它最早是在倫敦流傳的匿名備忘錄，而且可能被英國財政部（Her Majesty's Treasury of the Courts）首次刊登記載。

3 你用什麼標準來衡量餐廳效率？

效率就跟老媽媽一樣，套句老派的軍事說法，它讓我們「彈無虛發」。諾貝爾經濟學獎（這不算真正的諾貝爾獎，是瑞典中央銀行替經濟學家設的）得主赫伯特・賽門（Herbert Simon）曾說，效率是完全價值中立的概念，你先決定自己想要什麼利益，然後效率會讓你用最低成本獲益。這樣有誰會反對效率？算我一個吧。

我在下面列了幾件有效率的事情。請問問自己會聯想到什麼？

這間餐廳很有效率。

你會聯想到服務速度嗎？大多數人都這樣。卻很少人會想到食物的品質，為什麼？

我家是一間很有效率的房子。

你最先想到的應該是能源消耗的轉換率。請你告訴我，有人買房子只看能源消耗，而不是建築設計、地點或所在校區嗎？

怎麼會這樣？其實答案很明顯，只是我們不明白。當我們聽到「效率」二字時，會下意識就集中在最能以數字衡量的準則，例如服務速度或能源消耗，所以效率是指「能用數字衡量的效率」。它一點都不中立，因為效率分析偏好最容易衡量的事物。因此就出現了以下三個問題：

- **成本通常比利益容易衡量，所以效率通常會被簡化成「經濟」（節省）**——縮減可衡量的成本，代價就是同時減少了比較難衡量的利益。例如有些政府縮減了醫療或教育的成本，導致服務品質惡化（若有人自認能適當衡量孩子在課堂上學到的事物，請你站出來）。還有些執行長縮減研究或維護的成本，讓自己能立刻賺取更多獎金，隨後問題就冒出來了，別忘了剛剛那位想盡辦法讓交響樂團更有效率的學生。

• **經濟成本通常比社會成本容易衡量，所以效率會造成社會成本增加；**而經濟學家卻把這個現象稱為「外部性」（externalities），然後裝作看不見。如果你完全不在乎空氣汙染或填鴨式學習，提升工廠或學校的效率其實一點都不難。

• **經濟利益通常比社會利益容易衡量，所以效率讓我們追求以最少的成本取得最好的東西，卻大幅的降低我們的生活品質。**我們吃速食（包括飛機上的炒蛋）不就比上館子吃美食更有效率？

所以，請小心效率指標、效率專家，以及有效率的教育、醫療與音樂，有時甚至得小心有效率的工廠。此外也要小心平衡計分卡（按：從財務、顧客、內部流程與學習成長四個面向，衡量企業內外部績效的考核機制）；雖然將經濟以外的社會與環境因素納入，立意是好的，但它只包含最容易衡量的因素。

4 見樹又見林，林是算數據、樹是看現場

我現在要說明「硬資料」是什麼？石頭很硬，但資料硬的部分在哪裡？紙上的墨水，或是硬碟裡的電子，其實都不能用「硬」形容，況且電子檔還經常被稱為「軟拷貝」（soft copy）。

如果你非得拿個東西來比喻資料，那麼天邊的雲應該最適合：遠看很像棉花糖一樣清晰，近看卻像在雨霧裡一樣模糊。我這裡說的「硬」不是指觸感，而是「把事物用數字表示」的幻覺。比方說那位仁兄不叫「賽門」，而是「四．七」（某心理學家提出的衡量尺度）；那間公司表現不佳，只賣了四百九十億個產品。這還不夠清楚嗎？

軟資料剛好相反，可能是主觀、霧裡看花、模稜兩可的——至少遠觀是這樣。它們通常需要個人判斷才能解讀，無法以電子形式傳遞。有些軟資料其實就只是八卦、傳聞與印象，例如，很多人說一堆產品都故障了。

所以硬資料每次都勝過軟資料，但這些硬資料一碰到軟的事情可就沒輒——包括我們頭骨裡那團糊狀物。所以，我們最好思考一下在硬資料裡有哪些地方是軟的。

硬資料可能太過籠統，生不出任何成果。以男人來比喻就是不孕、甚至可以用陽痿來形容。性學大師金賽（Alfred Kinsey）對於男人性行為的研究中，就有受試者抱怨：「不管我跟金賽講什麼，他只會盯著我的眼睛，然後問道：『你做了幾次？』」難道就只有這個問題能問？

硬資料或許提供了基本敘述，但更深一層的解釋呢？產品銷售量增加了，為什麼？一、因為市場擴張嗎？好吧，有數字為證。二、因為某個主要競爭者幹了蠢事？沒有數字為證，所以只是謠言。三、因為我們的管理階層很優秀？他們自認是如此沒錯，但這可能太主觀。四、還是因為我們為了衝銷售量降價，然後偷偷降低品質？那麻煩去找數字來證明。以上這些，都意味著我們通常需要軟資料來補充解釋硬資料——例如關於競爭者的傳聞，或關於工廠生產品質的八卦。

硬資料也可能只是總計數字。它不是每件產品各一份，而是加總成單一數值，例如總銷售額。而典型的利潤數字也一樣，用一個數字涵蓋整間公司。你可以想像一下，為了這個數字要犧牲多少生機，例如減少設備維護次數及研發費用，結果害死公司。「見林不見樹」是不好的，除非你是伐木產業。公司的管理者必須多了解每棵樹，太多管理層都擠在同一架直升機，結果一棵棵樹看起來就只是一大片綠地毯。

許多硬資料都姍姍來遲。資料需要時間「硬化」，別被網路中高速傳輸的電子資訊給騙了。首先，發生的事情必須被記錄為「事實」——這需要一些時間——然後再彙整成報告，再花更多的時間。到這個時候，顧客可能已經客訴了無數次，然後投入競爭者的懷抱了；雖然這種事情會有一些小道消息作為警訊，但專注於數字上的管理者很容易會錯過。

最後，不可靠的資料其實多到令人意外。那些小小的數字顯示在螢幕上確實很漂亮，但它們的來源在哪裡？請把覆蓋在硬資料上的石頭翻開來，看看底下爬滿了什麼。英國實業家喬賽亞．史坦普（Josiah Stamp）曾說：「政府非常熱衷於收集統計數據，收集之後加總、乘以n次方、再開三次根號，最後畫出漂亮的圖表。但你千萬不能忘記，每個數字一開始都是出自職務負責人，他們愛寫什麼數字就寫什麼。」

而且不只是政府如此。你曾仔細探究過數據的由來嗎？例如工廠的廢品數量、大學論文的被引用次數，更別說公司的利潤了。況且，就算一開始記錄的事實是可靠的，量化的過程中通常還是會遺漏一些事物。數字湊成整數，就會出現錯誤，然後細節差異就不見了。

我說這些，不是奉勸大家捨棄硬資料，這樣做等於跟捨棄軟資料一樣。我是勸大家別被量化數據迷惑了。我們都知道怎麼利用「硬」事實來驗證自己的「軟」直覺，那為什麼不反過來，用「軟」直覺來驗證「硬」事實？每次你看到成本下降或利潤上升的時候，請仔細盯著這些數字，然後問自己：

這些數字可以相信嗎？如果有些許懷疑，請追根究柢查個明白，把那些亂編數字的「守門員」和經理給揪出來。

我朋友曾經請教過一位資深的英國公務員，問說他的部門為什麼要計算這麼多數據？他回答：「我們假如連事情的基本數據都不清楚，那還能幹嘛？」那你為什麼不去現場弄清楚？當你遇到可疑的數字，就務必要質疑，這樣就可以找出真正的原因。

用量化指標來補足管理工作，是個不錯的想法：估算你能衡量的事物，並**認真看待你無法衡量的事物**，然後以周延的思考並同時控管兩者。換言之，**能夠衡量的事物絕對需要管理，而不能衡量的事物也要管理。**

5 各種標準加在一起做判斷，而非做計算

你是一位管理者，所以你會想知道自己的表現如何。而其他人則更想知道你表現好壞，特別當你是執行長的時候。

有很多簡單的方法可以評估管理成效，但不能每一個都完全盡信。管理者的成效只能透過事情的背景脈絡來判斷。這聽起來很容易，但拆解成以下六個主張後，你會發現其實沒那麼簡單。

一、**管理者沒成效；但與部屬配合得很有成效**。好老公跟好老婆並不多，但美滿的夫妻並不少，而好的管理者與其單位也是如此。成功與否，取決於管理者與其單位，在特殊狀況和時間上的配合。所以在某些狀況中能被允許

的缺陷，在不同狀況下就可能存在相當大的風險。而正面特質也一樣，不一定到哪裡都適用。例如你的專業技能可以幫自己的公司節省成本，卻也有可能造成另一間公司破產。因此二、**管理者沒辦法把所有事務都管理的淋漓盡致而且成效傑出**，這也表示沒有管理者能管理一切事物。只有管理者搞砸所有管理工作的案例，但沒有管理者能做好全部的管理工作。

當然，管理者與其單位是休戚相關的。所以三、**若要評估管理者的成效，你也必須評估其轄下單位的成效**。但不只這樣。**四、你也要評估管理者對成效的貢獻**。有些單位的管理者雖然很軟弱，但運作得很好；有些單位如果缺乏強勢的管理者，就會運作得更差。所以，請不要自動把單位的成敗責任歸給管理者。歷史、文化、市場、甚至天氣（如果你在經營農場）各個都是重要的因素。許多管理者之所以成功，只是因為他們設法坐上自己想做的職位，確保自己沒把事情搞砸，再使喚別人來獨享功勞，受眾人擁戴。

為了考慮到更複雜的因素，**五、管理成效也必須以超脫單位、超脫組織的角度來評估**。假如一位管理者提升了自己部門的成效，卻犧牲了組織內其他單位的成效，那有什麼用？比方說，銷售部門賣了太多產品，而製造部門無法跟上，公司就陷入混亂了。難道你要怪銷售經理太盡責嗎？負責管理全公司的不是總經理嗎？沒錯，但銷售經理也要負責觀察除了銷售職務以外的細節，這才是群體力的展現。假如有更多組織評估績效，是將管理者與其單位共同計算，並考慮到管理者和其組織單位對全公司的貢獻，那該有多好！

而且，以單位、組織的角度來看，是正確的事，對周遭世界來說可能會是錯的。賄賂顧客或許能增加銷量，但這種成效能被接受嗎？義大利法西斯主義獨裁者貝尼托．墨索里尼（Benito Mussolini），是因為讓火車準時進站不誤點而出名的。就這個角度來說，他是有非常傑出的管理者——或至少是很有效率的；但就另一個角度來說，他是發動戰爭的怪物。

把以上五點加在一起，你一定會問：評估管理者的人有辦法顧到上述全部各點嗎？原則上答案很簡單：**六、管理成效必須是判斷出來的，而非計算出來**。記得「判斷」是什麼意思嗎？忘記的話可以去查字典。所以這個問題也是沒有必然正確的解答。

6 全球暖化有實證，我的經驗是……還是開冷氣

這篇故事的開頭與結尾都是談「實證」與「經驗」，一開始談腳踏車，最後談全球暖化，中間則談醫療與管理。

腳踏車把手的右側，有個小數字告訴我們後輪的檔位，這叫做「實證」。而「經驗」則是我們用這個檔位騎車的實際情況，或許是「踏板踩起來太輕了」。實證是我們接收到的訊息，經驗是我們的實際感受。

我再舉個更生動的例子。當我騎車上山，再往下騎回起點，上坡的耗時是下坡的四倍。我跟大家講這件事的時候，他們有些人會笑著問我：「上坡跟下坡的距離完全一樣啊，怎麼可能差這麼多！」因為我們沒有體驗到距離

（這時候的距離只是抽象的形容），而只是得知具體的時間倍數。

有一次在國際醫療領導大師課程中，我們請參與者（多半是醫師）在一張「實證和經驗」的圖表上標示出自己的工作。雖然最近「實證醫學」（按：evidence-based medicine，統一利用科學方法獲取證據，來確認醫療成效）非常流行，但他們的工作標示卻遍布整張圖表。隨後他們討論，一致同意醫療跟管理一樣，需要在實證與經驗間取得平衡。有位醫師提議，「實證醫學」應該改名為「實證導向醫學」（evidence-guided medicine）。

所謂的醫學訓練，就是課堂上的實證教學，並與醫院的實習經驗平衡。但傳統的管理教育（亦即MBA課程），極度傾向分析（亦即實證），卻大幅偏離實際經驗。當學生在聽財務課程或學習策略技巧時，焦點是放在研究實證上，然後再由理論補充，而非真實的經驗。這種教學導向使得許多學生畢業後，從事顧問、財務、行銷與規畫等工作，而非銷售與產品製造等基本功，所以他們的工作還是以分析和美化資料為主，並沒有獲得實務經驗。

而且，別以為MBA課程的個案研究就能和實際經驗有具體關係。它們主張將經驗引進課堂，但這些個案研究，至少與學生有五層隔閡：個案發生於一間公司（一層），通常由執行長報告（二層），再由研究助理記錄（三層），然後由一位教授改寫（四層），最後再由其他教授傳授給學生（五層）；可是這些教授很可能就跟學生的情況一樣，根本不了解這間公司。

因此，商學院畢業生比較擅長分析實證，而非從經驗中學習。他們其中有些人最後成為管理者，幾乎都用以前學到的知識來管理，重視實證更勝於實務經驗，用數字管理，並過度依賴技巧（不信你看後面的故事就知道了）。

這讓我們想到全球暖化。現在有一大堆證據證明這個現象，為什麼我們不多想點辦法來處理？撇開既得利益不談，最主要的原因都出自於我們人類自己的行為。我們聽過很多關於氣候變遷的資訊，但大多數人都沒辦法真正體驗到暖化的後果。換句話說，我們知道實證，但缺乏經驗。我們一邊說「冰山融化好恐怖喔！必須想辦法處理！」，一邊打開暖氣，這樣就不用穿毛衣；可是當你去問房子被水淹沒的人，絕對不會有人這樣回答。所以說到全球暖化，在我們親身體驗到之前，也只能依賴實證說明了。

一九八二年六月十六日，《納塔爾日報》（*Natal Daily News*）上刊載了一句話：「出門前應先查看天氣預報，因為天氣是非常難預測的。」（這句話前後矛盾，作者在此引用，意在「經驗永遠強過分析實證」。）

7 不丹的國民幸福總值是怎麼計算的？

不丹王國幅員不大，它夾在西藏與印度中間，因為「國民幸福總值」（Gross National Happiness，簡稱GNH）而聞名——多虧了不丹的國王。這個國王跟你想的不一樣，他主動讓出政權、舉行民主選舉，決定要增加不丹的森林覆蓋率，讓所有小孩學英文，並首創國民幸福總值的概念。

GNH在全世界引起迴響，因為大家都受夠國民生產毛額（Gross National Product，簡稱GNP）了。前美國司法部長羅伯特・甘迺迪（Robert Kennedy）曾說：「國民生產毛額計算了空氣汙染指數與香菸廣告成本，計算了紅杉的滅絕數量，以及吹捧暴力的電視節目收益。但它沒有考慮到孩子的健康、教育品質，以及遊戲的樂趣。總之，它該算的都算了，就是沒算到提升人生價值的事物。」

GNH以四根「支柱」為基礎：妥善治理、永續發展、文化的保存與推廣，以及環境保護。這四根支柱又細分成九個「領域」，包括健康、教育、心理幸福感、社區活力等。夠簡單吧？

我對GNH很好奇，加上喜歡爬山，所以我在二〇〇六年造訪了不丹。我跟當地幾位學問淵博的人交談，發現兩件令我非常驚訝的事。第一，他們不知道怎麼計算GNH；第二，不會算好像也無所謂，因為國民的表現非常忠於這個概念。正如一位英國廣播公司（BBC）的記者所言：**GNH已成為不丹的「生活方式」——雖然國民很窮，但過得很快樂。**

過沒多久，各路經濟學家就來到不丹，準備修正GNH，但GNH本來就沒有問題。說到底，假如不丹人沒有算出GNH，那應該要怎麼管理這個數值呢？不久之後，九個領域都有自己的加權與非加權總數，並經過七十二個指標的分析。此外，經濟學家也發明了一套數學公式，將「幸福」盡可能細分成各種要素，其中一次調查更是耗費了五、六個小時才完成，內容包含了七百五十個變數。這些技術官僚很認真在計算「總值」，但說到底「幸福」在哪裡呢？

有人開始批評GNH是一種主觀判斷，並不客觀。經濟學教授德爾雷・麥克洛斯基（Deirdre McCloskey）就評論這些數值很不科學，而且還打了個比方：「你不可能只問人們今天是『很熱』、『很舒服』還是『很冷』，就發展出物理學。」除非教育、文化、幸福感，都跟溫度一樣，是可以用數據衡量的。我不禁在想：到底誰對GNH比較有威脅？是想消滅這個概念的人，還是想算出正確數據的人？

二〇一三年，這些計算工作結束後沒多久，在哈佛商學院跟麥可・波特（Michael Porter）學習經濟學的策林・托傑（Tshering Tobgay），當選不丹首相。不久後，他宣稱GNH讓少數國人忽略了手上的正事。他覺得GNH非常難以理解，對他而言是過於複雜的東西，而他只知道這一點：「總之，我們還是得更努力的工作。」

作家法蘭西斯．史考特．費茲傑羅（F. Scott Fitzgerald）曾說：「一流智慧最大的考驗，就是有能力同時抱持兩種對立的想法，卻還能維持其功用和運作。」對於所有無法同時兼顧「數據」與「幸福」的經濟學家或首相們，我建議你拋開數據，擁抱幸福。

第四章

學校能教你什麼

如果每個人的想法都一樣，
那就等於沒有人在想。

——班傑明・富蘭克林（Benjamin Franklin），美國開國元勛

1 企管碩士班對前途的影響

有位哈佛的教授說，他講課的時候，所有學生都在等他給答案，畢竟學生在授課時比較被動。教授對於這個狀況的解決方法就是，直接問學生：「我知道你的資訊不夠，但就你手邊的資訊，評估一下該怎麼做？」

教授：「來，傑克，假如你是曼馬仕公司（Mammoth Inc.，加拿大上市公司）的執行長，你覺得這間公司現在該執行什麼策略？」

教授與傑克的八十七位同學，都心急如焚的等待傑克回答這個「突擊問答」，教授用這個方法來確認學生研究了個案。傑克有所準備，而且自從他知道個案教學法的目的是「挑戰傳統思考」之後，就一直在想這件事。他也經常從課堂上獲得提醒：既然好的管理者都很果斷，那好的MBA學生也必須表明自己的立場。所以傑克吞了吞口水，然後開始回答問題。

「我該怎麼回答這個問題呢？」傑克開口：「直到昨天我才聽說過曼馬仕這間公司，可是今天你就要我替它想策略。」

「昨晚我還有另外兩個研究個案要準備，所以曼馬仕這間旗下有無數員工與產品的公司，我只分配了幾個小時。我已經先快速讀過一遍個案，然後再讀一遍，嗯……第二次讀的速度有放慢一點。我印象中從來沒用過曼馬仕的產品，但直到昨天我才知道，我家地下室的老鼠藥就是它們製造的。我沒參觀過他們的工廠，也沒去過他們在紐芬蘭康姆拜錢斯鎮（Come By Chance, Newfoundland）的總部。我從來沒有跟他們的顧客交談過，也沒有見過個案中提到的任何一個人。況且這是間高科技公司，而我卻是科技白痴。我只有在家具工廠工作過，我唯一的資訊就是這幾張紙而已。這份作業實在太膚淺，所以我拒絕回答你的問題。」

傑克後來怎麼了？他在商學院的經歷我就略過不提，總之他畢業後回到家具產業，投身於產品、基層與製造。傑克果斷挑戰傳統思維的勇氣，使他最後當上了執行長。他跟同事幾乎沒做產業分析（到後來才有做），而是自己用自己的方式學到策略，最後促使自己的家具業轉型。

回到當時，坐在傑克旁邊的比爾主動接下這個問題。比爾也沒去過康姆拜錢斯鎮，但無所謂，他提出幾個聰明的點子，之後也順利畢業，進入頂尖顧問公司任職。跟以前研究個案一樣，他經手過一個接一個的狀況，每次都提出幾個聰明的點子，關注不懂的議題，規畫完策略後，在執行前抽身。

比爾就這樣累積了許多經驗，不久後就當上大型家電公司的執行長。他沒有當過這種公司的顧問，但想起曼馬仕的個案。後來他裁了數千名員工，制定出一個空泛的高科技策略，並透過灑狗血的併購計畫來執行。後來發生了什麼事？你可以先猜猜看，答案在下一篇故事裡。

《哈佛商學院真正教你的事》（按：*What They Really Teach You at the Harvard Business School*，作者是兩位哈佛商學院學生）的讀者可能會問：「讀過個案後只花兩到四個小時分析？真的假的？」真的，學生每天要準備兩、三個研究個案，所以他們不但要分析得好，還要分析得非常快。

幾年前，哈佛商學院在《經濟學人》（*The Economist*）雜誌廣告他們的在職教育課程。廣告中有一位看起來像高階主管的女性說：「我們一天研究四家公司。這不是理論，而是經驗。」——真是一派胡言！

2 十九位哈佛MBA傑出校友 最終五人成功

商學院老是愛吹噓自己教出了多少位執行長，尤其是哈佛，因為它的產量最多。但是這些執行長的表現如何？他們的實務技能，跟以前在學校學到的一樣嗎？

大多數的MBA學生，都是憑著才智、決心與積極踏進頂尖的商學院。商學院的個案研究，教他們如何針對自己不熟的情況提出聰明的見解，而分析技巧更使他們以為自己能處理所有問題，而不需要太多實務經驗。學生因為畢業於知名商學院而自信滿滿，更別提「老學長」（old boys）的人脈能把他們拱上雲端。然後呢……？

驚人的實證

有個問題，各家研究中心從來沒有研究過，所以幾年前我與約瑟夫・藍佩爾（Joseph Lampel）決定來挑戰一下。長期待在哈佛的大衛・艾文（David Ewing），寫了一本《哈佛商學院內幕》（*Inside the Harvard Business School*），於一九九〇年出版，而我在十年後讀到這本書。書中第一句是這麼寫的：「哈佛商學院可能是全世界權力最大的私人機構。」裡面列舉了十九位「爬到頂點」的哈佛校友，也就是一九九〇年該校的超級巨星們。而我的注意力則放在一件事情，就是在這群巨星當中，從一九九〇年後就沒有任何人再上過明星榜了。

所以我跟約瑟夫研究了一九九〇年後，這十九位明星的紀錄。他們表現得如何？一句話：糟糕透頂！多數人（十位）很明顯的失敗了，像是公司破產、被趕下執行長的位置、搞大型併購反而搞死自己……諸如此類的事，然後還有另外四位的績效有很大的問題。這十四位執行長中，有些因為戲劇性的創立或逆轉事業而聲名大噪，但他們之後通常也戲劇性的衰退與失敗。至於剩下的五位，則表現得還不錯。

舉例來說，法蘭克・羅倫佐（Frank Lorenzo）領導過三家航空公司，全都以慘賠作收；羅伊・波士托克（Roy Bostock）領導知名廣告代理商 B&B（Benton & Bowles）長達十年，結果他退休五年後，公司就倒了。最著名、也最戲劇化的故事是出自比爾・阿吉（Bill Agee），他當過班迪克斯（Bendix，製造與工程公司）與莫利森克魯森（Morrison-Knudsen，土木工程與建設公司）的執行長。與阿吉共事的另一位哈佛 MBA 校友——瑪莉・康寧漢（Mary Cunningham）寫過一本書，被《富比士》（*Forbes*）雜誌如此評論：「本書幾乎沒談到由策略主導的實際事務，只說班迪克斯捨棄了許多過時的產品，並踏入泡沫般的高科技領域。」至於這個做法為什麼被當成神機妙算，她並沒有說明細節。

另一篇《富比士》的文章寫得更直接：「阿吉擅長財務與會計，以高明手腕併購與投資其他公司。但班迪克斯未經妥善計畫就跨入高科技領域，結果在一次收購行動中嘗到苦果，連帶影響了班迪克斯的銷售狀況。跳槽到莫利森克魯森後，阿吉又做了一些糟糕的事業決策。」根據某些主管爆料，阿吉在會計上動手腳，使盈餘浮報了數千萬美元。這篇文章的結論是：「阿吉最致命的缺陷，就是他不擅長管理。」

但他說不定比較像領導者，而非管理者（你可以讀下面列舉的守則來判斷）。好吧，並不是所有坐在教室聽了幾年課的人，管理潛力都會被破壞殆盡，明星榜上起碼有五位執行長的表現是好的。但其他十四位執行長的表現，意味著 **MBA 學位非常容易把「錯的人」拱上執行長大位**；而且**過度強調個案研究與數據分析，也可能使「對的人」誤解了管理的真相**。

想成為雲端上的領導者，請遵循以下守則：

- 隨時隨地改變所有事情：尤其要三不五時重整一下組織，讓每個人處於警戒狀態，而不用腳踏實地。無論後果如何，你都要堅持這種雷厲風行的態勢。

- 小心業內的人：任何知悉事業內情的人都有犯罪嫌疑。請從外部引進全新的「頂尖管理團隊」。而且要多多依賴顧問，他或許不懂你的事業，但肯定很欣賞你這種高高在上的領導者。
- 專注於當下：來一次充滿張力的交易吧！從前種種譬如昨日死，以後的事實在太遙遠（除了獎金）。別管既有的營運模式了，因為任何建立好的事物都要花時間改變；你應該要像餓虎般併吞其他公司，儘管你可能吞到毒藥。這樣做，保證你能吸引股市分析師與專業當沖客的關注目光。
- 強調數字：你負責把數字弄漂亮就好，不必認真看待管理績效。此外，你還要將自己的薪資調高到基層員工的數百倍，告訴大家你有多重要。這才叫領導力！最重要的是，你要提高股價、賣掉股票、然後跳槽，因為高高在上的領導者，人見人愛！

更驚人的在後頭

我們的研究結果實在駭人聽聞。雖然沒證明任何事情，卻讓人開始擔心：難道令大家夢寐以求的MBA學位，實際上會損害管理實務？

更驚人的在後頭。我們的研究曾經刊載於《富比士》雜誌、以及我二○○四年的著作《MBA不等於經理人》（*Managers Not MBAs*，銷量近十萬冊），照理說應該很出名才對，但居然沒人繼續研究下去。你可能覺得這至少會讓人有所警惕，或引起一點好奇心，但是這間商學院並不會像研究商業個案一樣，向大家宣布這種研究結果。

更多令人擔憂的事實

直到最近，才有兩位商學院教授——丹尼・米勒（Danny Miller）與徐喬治（George Xu）投入這個議題。他們做了兩份樣本數更大的研究，得到的結果更令人擔憂。

在《曇花一現的榮耀：知名MBA執行長的自肥行為》（*A Fleeting Glory: Self-Serving Behavior among Celebrated MBA CEOs*）這份研究中，他們採用了一個非常特別的樣本：一九七〇到二〇〇八年間，四百四十四位曾經上過《美國商業周刊》（*Business Week*）、《財星》（*Fortune*）與《富比士》雜誌封面的美國企業執行長。這份研究比較了「有MBA學位領導的公司」（占全體四分之一）與「非MBA學位領導的公司」的績效。

這兩類公司在上過封面之後，

吞掉公司的「價值」！

績效都下降。米勒說這些公司很難一直維持在頂尖地位，但MBA領導的公司下降速度更快，而且是在上封面七年之後依舊持續下降。兩位教授發現：「具有MBA學位的執行長，比較會採取權宜之計（因應某種時機而暫用的短期策略），藉由收購公司來獲得成長，導致現金流量與資產報酬減損。」然而MBA執行長的薪資卻不減反增，加薪速度甚至比非MBA背景的管理者還快一五％！顯然他們已經學會怎麼「自肥」，而米勒稱之為「所費不貲的快速成長」。

第二份研究叫做《MBA執行長的短期管理與績效》（*MBA CEOs, Short-Term Management and Performance*），採用更大、更近期的樣本：二〇〇三至二〇一三年間，五千零四位美國上市公司執行長。結果與第一份類似：「我們發現MBA執行長比非MBA的領導人更輕易採取短期策略，例如盈餘管理（按：企業管理者在遵循會計準則的基礎上，調整財務報表，製造財報獲利）、壓抑研發部門等，導致公司市值受損。」這些MBA執行長就跟第一份研究的那些一樣，都因為這種績效而得到豐厚的獎金。

為什麼問題一直都在？

現今商學院已獲得極大的成功，就某些方面來說，這是它們應得的。商學院做過非常多重大研究，其中有些還成為跨學科研究中心，匯聚了心理學家、社會學家、經濟學家、歷史學家等人才。它們的MBA課程，就算沒有訓練到學生的管理實務，起碼也上了財務和行銷等課程。那為什麼這些商學院如此努力不懈的推廣管理教育，卻還是造成了這麼多管理不善的情況？

答案應該是……既然有這麼多畢業生能夠魚躍龍門（雖然其中也有很多人敗壞了公司、經濟情況與社會觀感），那商學院又何必改革呢？**假如你老是做同樣的事，就一定可以得到那個必然的結果。**（按：If you always do as you always did, you will always get what you always got. 這句話有三個人說過：亨利．福特、亞伯特．愛因斯坦、馬克．吐溫。其中愛因斯坦是換句話說：「所謂的瘋狂，就是一直做同樣的事，卻期望有不同的結果。」）

3 「很高興認識我自己！」主管的課得這樣上

有很多學校能教你商業管理課程，卻沒什麼學校能教你管理實務。那麼身為管理者，你該如何才能表現出色，同時避開那些專門搞砸公司的MBA？難道你要去念EMBA加入他們？除非EMBA的全稱不是「高階工商管理碩士」（Executive Master of Business Administration），而是「超越經營的實務管理者」（Engaging Managers Beyond Administration）。

難道你真的想跟大家坐成一排，聆聽關於行動與參與的課程？或者對你不熟的公司提出看法，而自己的第一線經驗卻被無視？況且，你是對商管「理論」有興趣，還是管理「實務」？

幾年來我走訪各商學院，談論傳統ＭＢＡ教育的錯誤之處，簡單來說，就是用錯的方法訓練錯的人，導致嚴重錯的結果。這些人毫無經驗，不可能光聽課就能變成管理者，因為他們學到的方法太重分析了。教授無法傳授管理的實務，就只能傳授管理科學的分析與技巧，或者採用早已與實務脫節的個案研究。就這樣，大家都以為ＭＢＡ畢業生能管理所有事情（實際上是什麼事情都沒辦法管理），結果通常滿慘的。我覺得他們畢業之後，額頭上應該貼個骷髏圖案，上面寫著：**「警告！此人尚未準備好管理實務！」**

我一說完這些話，大家就開始問我：「那您要怎麼改善這個現象？」其實這問題不能拿來問我這種學者，因為學者只要出言批評就好，不必親自動手改善任何事情！但我還是覺得很尷尬，於是就集結了全世界頂尖商學院的同僚們，創辦了國際管理大師課程。

雖然光聽課無法變成管理者，但對本來就經驗豐富的管理者來說，課程能鼓勵他們反省自己的經驗，並與別人分享自己的獨特觀點。詩人艾略特（T. S. Eliot）在《乾燥的賽爾維吉斯》（*The Dry Salvages*）中寫著：**「我們擁有**

經驗，卻錯失意義。」所以管理教育的主要目的，應該是找到管理實務經驗的真正意義所在。

參與國際管理大師課程的經理們（平均年齡約四十歲）會繼續工作，然後在十六個月內，再參加於英格蘭、加拿大、印度、日本與巴西各地舉辦的課程；課程共分五個單元，每個單元為期十天。課程的重點不在於企業功能，而在於管理心態：

- 反省——管理你自己。
- 分析——管理組織。
- 入世——管理背景。
- 合作——管理關係。
- 行動——管理改革。

一九九六年，最初的那個課程單元結束後，每個人都四處寒暄：「很高興認識你！」但有一位任職於英國電信（British Telecom）的銷售經理，艾倫・惠藍（Alan Whelan）卻說：**「很高興認識我自己！」**

我們的課程有一個「五〇／五〇法則」：課堂有將近一半的時間，交給經理們自己安排。他們會坐在長方形教室的圓桌旁，以便隨時加入或離開研討會。

如下圖所示，這些經理可不是空降在自己「穀倉」裡的孤狼。他們是社會學習群體中

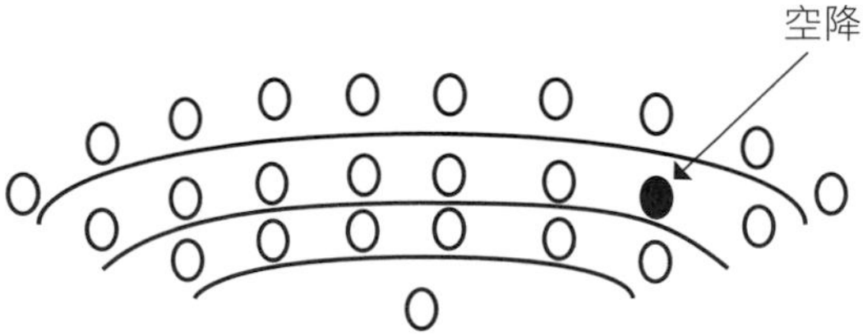

自己一個人待在發展的「穀倉」裡

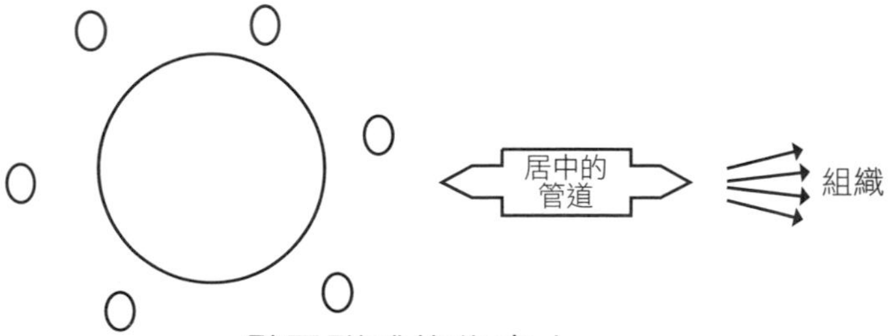

發展群體的代表人

的同僚，並與自己的經驗背景連結。這種安排催生出各種嶄新的實務體驗。

友善諮詢：在友善諮詢中，每位經理擔憂的事情，都會成為小組成員的焦點。例如課程期間，其中某位女士公司裡的經理突然離職，而她正在煩惱該不該接下這個空缺。這種友善諮詢的時間會持續到午餐結束。

管理互換：馬尤爾．沃拉（Mayur Vora）在印度浦那（Puna）經營一家果醬果凍公司。法蘭西斯．勒．格夫（Françoise Le Goff）則是日內瓦紅十字會國際聯合會（International Federation of the Red Cross）非洲分會的副會長。參與國際管理大師課程的經理們，會配對進行管理互換，一週內大部分的時間都待在對方的工作場所，而馬尤爾與法蘭西斯是其中一對。管理互換剛開始時，馬尤爾看到法蘭西斯在打字，就問她：「為什麼不交給祕書就好？」馬尤爾就這樣學到了入世的心態：日內瓦並不是浦那。這就是我們稱其為「入世」（worldly）而非「全球觀」（global）的原因：國際管理大師課程的目標，就是希望學員走進別人的世界，進而對自己有更深的了解。

到了最後一天，馬尤爾說他想認識一下法蘭西斯的員工，於是所有員工排好隊，向馬尤爾傳達了他們對於法蘭西斯管理風格的印象。法蘭西斯說：「這好像在照鏡子一樣。」

影響力團隊（IMPact teams）：我們請參與課程的經理，回到工作崗位後組成影響力團隊，將自己學到的知識帶回組織，以求改革。有人說，千萬別把已經改變的人送回未改變的組織，但在管理發展課程中，這是家常便飯。參與者應該藉由改變自己來改變組織。例如有間小公司出了很嚴重的問題，而一位國際管理大師課程的參與者，必須挽救這個局面。於是他組成一個團隊，最後拯救了這家公司。

MBA課程能夠訓練出商務專業人才，這一點是值得肯定的，但它也有缺陷——沒有讓學生做好管理實務的準備。除了MBA之外，如今我們更需要真正的管理教育。

4 一群主管圍成圈圈像幼稚園一樣

（本故事與強納森．葛斯林〔Jonathan Gosling〕合著。）

想像一下董事會議裡，董事長背對大家，到會議結束前其他人都不准說話；再想像一下某場專題演講沒有演講者，只有專題的「聽眾」；最後想像經理們圍成圓圈進行「展示與講述」（按：show and tell，學校針對幼童的一種教學活動，桌椅圍成圓圈討論），就像幼兒園的小朋友。這些聽起來會不會很蠢？

但在我們非常成功的管理發展課程中，這件蠢事可是行之有年，結果大家更懂得傾聽、說話更周延、處理問題也更有成效。我們不只是聆聽（或根本沒在聽，因為自己急著想發言）或忍受那種大家爭奪發言權的會議，而是採用各種不同的座位安排，以鼓勵開放討論與議程進展，而且討論內容不分課內外。

我們創辦國際管理大師課程的時候，南西．巴多爾（Nancy Badore）問道：「你們要怎麼安排學員的座位？」她之前替福特汽車的主管開發了一套新培訓課程，現在則協助我們規畫課程。

「讓他們坐U型教室如何？」我們回答。

「那是給產婦蹬腳用的吧！拜託不要！」南西一口回絕。我們這才被點醒，坐在U型教室根本就不會有人想轉頭，除非是這堂課要求學員當一個專題演講聽眾。

一半的時間用來座談：我們認為，經理**學員們應該坐在長方形教室的小圓桌，將一半的課堂時間用來跟別人討論，而且不需要分組**。當然他們也能向教授討教，但學員互相學習才能學到更多東西。圓桌可以把「個別參加者的集合」變成「學員的集體社群」。

圍成一圈進行「展示與講述」：以前在圓桌討論結束後、進行全體會議時，我們會徵求每一桌最棒的想法，這表示我們要在各圓桌間走動，還滿累人的。後來有一天，有位新同仁請大家坐成一大圈，包括他自己也坐在裡面。接著他們進行了「展示與講述」的討論，效果非常好。隔天，另一位同仁也請大家坐成一圈，但自己站著，好像在說：「我允許你發言，請你直接跟我說，我會給你一個睿智的回答。」教授的確都是這樣授課。

再隔天，我們一位學員也站在圓圈裡，並且宣布：「今天由我當主持人。」說完他就走出圈外。會議結束後，我們告訴他：「下次麻煩你跟大家坐在一起。」

專題聽眾：每一桌都要有人轉身「偷聽」其他桌的對話，但自己不講話，也就是當個專題聽眾。這些人要在全體會議上報告自己聽到的內容。畢竟一位好主管必須懂得聆聽別人，不是嗎？

內圈：全體會議時，我們有時會把專題聽眾（偷聽者）聚集在中間，面對彼此圍成一個小圓圈，然後請他們聊聊自己聽到的內容。其他人則在他們外圍圍成一大圈，聽他們說話。就這樣，其他人等於在「倒帶」自己剛剛說過的內容。

走進走出：內圈的人說完之後，如果發現有其他人很想補充，他們可以請一個人進入內圈來代替自己。接著討論就如沐春風般的重新開始。就這樣，我們創造出一件非常美好的事：一段活絡且不斷更新的對話。雖然一次只有少數幾個人對談，但最後大家都有參與到，而且不需要誰來主持。有一回，一位《紐約時報》的記者來觀摩國際管理大師課程，我們就把他放進內圈，問題是，沒人敢把他踢出去！（按：記者名叫 D. D. Guttenplan，曾在《紐約時報》發表專題〈反 MBA〉〔*The Anti-MBA*〕）

課堂之外：經理人們與教授在教室度過一段美好的時光，聽起來或許很棒，但我們不應該就此打住。我們曾經把大會的專題演講者換成專題聽眾；也曾經請教室圓桌旁的兩百人進行報告式的對話。我們在研討會結束後要求學員：「快！指出一位跟你同桌而且想法超棒的人！」而被點到的人，必須走到前面來跟大家解釋。一位參與者形容這種活動是「很棒的方法，把大型會議化為一系列有意義的對話」。

走進管理者的辦公室：我們還沒辦法讓大企業董事長在董事會議上轉身（或許他們忙著扭轉公司，所以沒空轉身）。但你可以想像一下，把圓桌、反省、偷聽、外圈與內圈的開會方式帶進工作場所，會有什麼效果？其實你不用想像，直接問卡洛斯（Carlos）就好，他體驗過我們另一堂課程的座位安排（embaroundtables.com，跟國際管理大師課程類似，但為期僅一週）。在他回到自己的工廠之後，就在會議室裡裝了一張圓桌，還用電子郵件寄了一張照片給我們，並寫道：「我們需要討論困難的議題時，就會不斷利用這張桌子。」

圍著圓桌輔導自己：後來又出現一種新措施，叫做「訓練自己」，省掉了教授、教室與會議。經理們聚集在自己的工作場所，分成一個或多個團隊，每個團隊圍著一張圓桌，進行「DIY發展」。每一組要下載一個特定主題的投影片（例如「策略盲點」、「群體發展」或「制定策略」），並將這些素材與自身經驗連結，最後帶著自己的見解往前邁進，進而改善組織。**只要改變管理者的座位方式，管理發展就能變成組織發展。**

第五章

管理無須太多世界觀，入世最重要

年復一年，憂心忡忡的人都說英國會被戰火肆虐，而我每次都否認。我只錯了兩次。

——英國外交部某研究員，一九〇三～一九五〇年

1 聰明企業家在處理繼承問題時會變笨

我很喜歡家族事業——只要他們能解決繼承問題就好。我懷疑繼承父業的兒子，更懷疑堅持要傳給兒子的父親，就別提跳過女兒了（這我稍後會再談）。家族事業應該要把自己的「繼承網」撒大一點，而且不只有專注在股票市場這個選項。

跟隨父親的腳步

我爸是個企業家，非常成功。他在服飾業開創一番事業，讓我們過著舒適的生活。但我從小就聲明絕對不替老爸工作，所以等到長大以後，我成為學者，而我老爸就賣掉自己的事業。

許多跟我一起在蒙特婁長大的孩子，也是企業家子弟，但與我的人生際遇大相逕庭。他們幾乎是全自動的進入家族事業工作。有幾位做得還可以，還有一位讓事業大幅成長。可是大多數人都只是咬牙苦撐，或把公司拖垮。其中還有些人遭到鬥爭，被親戚踢出公司，只好把遺產拿去投資，藉此度過餘生。總體而言，這份紀錄並不漂亮，我小時候所知的企業（有些還非常知名），現在存活的剩沒幾間。

這條軌跡我想大家都很熟：第一代成功、第二代守成、第三代垮掉。我在蒙特婁的年輕歲月裡，最著名的例子是當時全世界最大的威士忌公司，施格蘭（Seagram）。創辦人為山謬．布朗夫曼（Samuel Bronfman），曾經是全世界最富有的人。他的兒子愛德嘉（Edgar）接掌紐約總部，辛苦守成，後來又傳給孫子小山謬（Samuel Jr.）；結果小山謬醉心於拍電影，致使威士忌帝國敗亡。

沒有人會因為父母是商業天才，或繼承其財富，就能順理成章變成商業天才；也不可能因為這樣，就能獲得聰明才智，經營如日中天的家族公司。

倒是許多子女被覬覦其家產的馬屁精圍繞，因而變得心高氣傲，最後以失敗收場。我非常尊敬創立並熱愛其事業的企業家，但對繼承者就另當別論了。

容我為您介紹弗雷（Fred）。他突然從新加坡跑來找我，想跟我聊聊管理與群體力。我得知弗雷是大型海運家族企業的第三代，心中不禁暗想：「糟糕，怎麼又來了一個！」

後來弗雷與女兒、兄弟、助理一同現身，一家人穿得很體面。我一看到他，印象就改變了，他看起來不太像企業家第三代。我們一見如故，吃完飯之後在城內四處走走。弗雷為人風趣，他講了什麼故事呢？

弗雷說他跟我一樣，也不替老爸工作。所以這位新加坡年輕人，就借了點錢，跑去馬來西亞發展事業，然後回到新加坡買下所有家族事業，而且是一間接著一間併購。這才叫企業家嘛！弗雷不想跟兄弟姊妹爭產，於是直接從父親手上把所有的事業買走。

都是爸爸的錯！

現在我們來思考繼承父業這件事。為什麼有這麼多**聰明的企業家，處理繼承權的時候就會變笨？**為什麼他們不管怎樣，都要把接力棒傳給自己的孩子（通常是兒子）？簡直像在玩俄羅斯輪盤，卻裝了五發子彈！（按：俄羅斯輪盤的通常玩法，是在左輪手槍裡裝一發子彈，參加者輪流對自己開槍。而左輪手槍通常有六個彈巢，故中槍死亡的機率是六分之一。）

幾年前一項研究顯示，企業家性格通常都發展於「母強父弱」的家庭，父親沒出息、酗酒或過世；雖然不一定是如此，但似乎是一種常態。或許長子替代父職，既堅強又負責，進而成為主導者，這對企業家而言是非常不錯的特質。所以當我和那些想讓兒子繼承事業的企業家見面時，都會問道：「令尊是很成功的企業家嗎？」答案通常都是否定的。「既然這樣，為什麼你覺得兒子一定會成功呢？」

放長線釣大魚

別誤會我的意思，企業家第二代還是有幾個還不錯的。向全心奉獻的父母學習經商，確實是很深刻的訓練模式。而且最近有越來越多女兒，對父親的事業有興趣，自然而然成為接班人。或許是因為她們與父親的關係比較不同，爸爸比較願意聽女兒的話。如果是這樣，女性企業家就比較願意讓兒子繼承事業嗎？

其實這張網可以再撒大一點。杜邦（DuPont，世界第二大化工公司）之所以這麼成功，是多虧了姪子與外甥；這些親戚也是事業的繼承人選。馬莎百貨成為成功的公司，是拜女婿所賜。至於龐巴迪（Bombardier，交通運輸設備製造商）在女婿的經營下也有聲有色，可惜傳給兒子之後就衰敗了。我猜想，有些女兒應該是嫁給像爸爸的男生吧！

我喜歡許多家族事業的原因，從他們**對顧客和員工的絕對尊重**，你就能夠深刻的**感受到他們的敬業精神與靈魂**。當然不是每一家企業都這樣，有些還剛好相反；不過還是有些企業確實把員工都當成一家人。家族資產確實有其珍貴之處——不單單只是給予家人，而是員工、經濟都因其受益。

但這無法解決繼承的問題。假如創辦人想要轉換跑道，卻沒有子女夠資格接班，那該怎麼辦？近期比較常見的方式是股票市場ＩＰＯ（initial public offering，首次公開募股）。可惜這方式的結果通常都滿糟糕的，無法繼承企業原有的價值精神。而貪婪的股東與分析師，心中只想著「股東價值」，所以他們只會拚命追求更高的股價，而這也是扼殺企業精神最快的方式。

其實除了ＩＰＯ以外還有其他方法，我在之後的故事會詳談。這篇故事要說的是：**守成的人無法發展活躍的經濟，只有建立事業的人才有辦法**。我們真正需要的是能自己開闢道路的人，還有那些會回過頭來買下自己的家族企業的人。

2 印度的交通不叫混亂，只要你順著車流開

現在地球這個國際村還需要更多的全球化嗎？何不更深一步的踏入這片土地呢？

國際管理大師課程中，有一種「十日入世心態」（我在前面的故事介紹過），用來處理公司會遇到的社會、政治與經濟議題。取這個名稱是希望經理們上完課程之後，

這顆球其實是肥皂泡沫。我們的地球也是這樣嗎？

都能有自己的入世觀，而不是只有普通的全球觀；全球觀就像餅乾切模般一成不變，每個人都採用同一套信念、技術與風格。那麼有什麼方法能夠促進創新呢（有許多公司都非常需要）？答案是：我們應該宣揚管理者的獨特性，而不是同質性。

讓我們思考一下牛津英語辭典（Oxford English Dictionary）的字義：

global，形容詞

字義：一、全世界的；二、包含全部的

worldly，形容詞

字義：一、世間事物的，世俗的，塵世的；二、生活經驗的，複雜精密的，實際的

全球觀（global）是概括整個地球，但入世（worldly）是「走入塵世」，用「實際的」做法，將「複雜精密的」事情整合起來。我要不厭其煩的強調，

大局不一定要從高處開始，透過基層經驗來建構會更好。

位於班加羅爾的印度管理研究所（Indian Institute of Management），就充滿入世的氣氛，而且絕非巧合。對非印度籍的經理學員來說，這裡簡直就像另一個世界；就某方面來說，印度的確是非常脫俗的。第一次來這裡參加單元課程時，我與珍・麥克羅利（Jane McCroary）共乘一輛計程車，她是漢莎航空（Lufthansa）的美國籍經理。從她的反應看來，幸好我們不是搭嘟嘟車（按：三輪輕貨車，在南亞常作為計程車使用），不然情況可能更糟。

幾天後，她問其中一位教授：「交通狀況這麼糟糕，你車要怎麼開？」教授一臉淡然的回答：「我都順著車流開。」

各位，這就是入世心態！這個狀況的名稱不叫做混亂，而是另一個世界，有著自己的邏輯。

在這次的專題課程中，經理們並非到國外當觀光客，他們受到印度學員的招待，就像在他們自己國家的課程一樣，招待其他國家的學員。最近在班加羅爾的專題課程中，斯里妮瓦珊（Srinivasan）教授演講「經商的文化面向」（Cultural Dimension of Doing Business），開頭第一句話是：「我希望你們用我的觀點來看待這件事。」這也就是入世的精神。

全球觀到底是如何全球化？我問過世界各地的經理們：「你覺得外國銷售額超過總銷售額一半的公司有多少間？」答案少到令人意外。你可以想想，有多少零售商、銀行、食品公司與不動產公司，都是當地性的？

況且，許多「全球」公司總部內，都充滿了「在地」心態的人，就連常常出國巡視的執行長也不例外。公司不需要經理的世界巡迴，也不需要布達總部的地方性指示，而是需要更入世的觀點（無論是公司總部還是各國的據點），讓管理者用由衷感激在地的精神來推廣，並抱持著以下詩句的精神。

《小吉丁》（*Little Gidding*）／艾略特（T.S. Eliot）

我們不該停止探索，
當我們完成所有探索後，
將會抵達起始之地，
像第一次來到這裡一樣，
真正認識這個地方。

3 護理師、醫師、經理人，誰適合管理醫院？

誰才能管理醫院與其他醫療機構？這個巨大爭議至今仍舊存在。醫師？護理師？還是專業經理人？醫師懂治療，護理師懂照護，經理人懂管理，但有誰三個都會的？照這樣看來，三位人選都不適合。但我認為，根本就不應該問這個問題。

「專業經理人」顧名思義，就是能管理一切事物的人，也是本書幾篇故事的目標讀者。但你學過抽象的商業管理課程，不代表你已準備好步入真正的職場。

因為管理跟醫學不同，管理不科學，也不算什麼專業。或者換個方式說，由於**組織的「疾病」與治療它們的處方，都沒什麼具體的依據，所以實行管理就像在施展手藝**，是以經驗為主、以見解為憑的藝術。發自內心的理解，遠比腦中的知識還重要。

好吧，既然專業經理人不行，那醫師呢？他們絕對理解醫院的運作機制，說話也有一定的分量，而且醫院不就是以醫學為基礎嗎？這些說的都對，但管理醫療可不只需要通曉醫學而已。事實上，醫療實務與管理實務是對立的，我可以提出幾個理由來證明。

醫師受到的訓練，多半是獨立且果決的行動，他們每次問診都會做出明確的決定。而管理決策不但含糊不清，更需要團體合作。幾年前有一篇漫畫，畫著幾位外科醫師圍在一個被麻醉的病人旁邊，下面還寫了一行字：「誰來開刀？」這在管理上可是很嚴肅的問題！此外，醫學比較傾向干預主義（主動干涉），多半是片段的治療而非持續照護，注重局部而非整體，並追求科學與實證基礎。看到這裡，你應該不覺得醫師適合管理醫院了吧？

接著只剩下護理師了。他們實務上通常更需要發自內心、親身投入、相互合作，也比較貼近病患。而且他們的工作比起斷斷續續的治療，更重視持續的照護，也需要團隊合作。所以有些護理師應該更適合管理醫院。是沒錯，但醫師有辦法接受護理師的管理嗎？

結論其實很明白了：沒有人能夠管理醫院！就算是經營一間複雜的公司，跟管理綜合醫院比起來，也像兒戲一般：咄咄逼人的醫師、焦頭爛額的護理師、病懨懨的患者、憂心的家屬、固執的金主、裝模作樣的政客、節節高升的成本、日新月異的技術——全都深植於醫院裡生死交關的事件中。

可是人們還是有辦法管理醫院與其他醫療機構，有時還管理得不錯。所以有個更明顯的答案比剛剛的結論更適合：管理醫院的是「人」，而不是「職業類別」。我認識一些知名的醫師院長（蒙特婁有一位最受尊崇的院長，是具有ＭＢＡ學位的產科醫師），也看過傑出的護理師管理醫院。想像一下，假如能給護理師多一點機會，應該會出現更多傑出的案例吧！

我個人比較偏好**先在前線打拚過，之後才升上管理職的人**，無論是護理、醫學、社工或其他專長。你的網撒得越大，成功機會就越大。

4 某總裁想選總統或市長時，給他看這篇

政府確實需要被管理，但管理工作也需要被監督。公共服務的管理工作不能放牛吃草，尤其是「新公共管理」（New Public Management）這種模仿時下管理實務的形式。企業的經營方式不必像政府，政府的經營方式也不必像企業。新公共管理其實不是新概念，它始於一九八〇年代的英國柴契爾（Margaret Thatcher，前英國首相）政府。可是對於許多有影響力的人來說，老派的新公共管理依舊是管理政府的最佳方法。

我之前提到，沒有什麼最佳方法能夠管理所有事物。可是有人相信管理可以掌握所有事物的說法，使得政府部門、醫院與非政府組織（NGO）受

到嚴重的傷害；就連企業自己也受害，他們有許多看似流行的管理實務，反而阻撓創新、破壞文化、疏遠員工。

新公共管理的本質是尋求（一）公共服務各自獨立，這樣（二）每個公共服務都能由一位經理管理營運，他（三）負責績效的量化評估，同時還必須（四）將服務對象當成「顧客」。我們來全部檢視一遍。

我是政府的顧客嗎？

不是！警察跟外交官都不是市集裡的商品唾手可得，旁邊還掛著「貨物既出，概不退換」的牌子。稱呼我為「顧客」，真的有比較好嗎？你看看那些銀行與航空公司最近是怎麼對待顧客的。

我是公民，有權利期望自己不只是顧客，畢竟這是我的政府。我也是一位臣民（就形式上的集權王國或實質上的民主共和國來說皆如此），因為我對國家有責任。比方說，我可以把餐盤上的垃圾倒進麥當勞的垃圾桶，但假如我在公園亂丟垃圾，就會被罰款。戰時受徵召的士兵，是軍隊的顧客嗎？

囚犯是監獄的顧客嗎？或許我是公益彩券的顧客，但老實說，政府無權鼓勵我賭博。所以政府假裝自己是企業，就是在貶低自己。

政府服務能夠各自獨立，並且獨立於政治影響力之外，讓各部會的首長直接為績效負責嗎？

有時確實是這樣——沒錯，還是公益彩券。但國防與外交呢？嬌生（Johnson & Johnson）旗下的品牌 Tylenol 與 Anusol 各由一位品牌經理負責，但政府能夠替「發動戰爭」與「和平談判」各指派一位品牌經理嗎？人員或許會被分派到這些活動，但他們的責任真的是各自獨立的嗎？成果能夠只歸屬於某一個人嗎？**政府活動是很糾結的，有時糾結到令你發怒。**

況且，公共服務的「政策制定」與「行政」，有那麼容易區分嗎？當事情有貪汙的可能，民選政治人物確實要潔身自愛。但假如抗議者走上街頭，指控警方濫用職權的時候，他們還能袖手旁觀嗎？

高層負責規畫，基層負責執行；政治人物制定具體的法規，讓公務員忠實執行，這種構想確實很棒。而且政府的模糊地帶比企業更多，所以**比起規畫政策，更重要的事情是學習和熟悉這些政策。**新法規若要落實，基層人員就必須慢慢適應新法規帶來的結果，無論這種做法是多麼的「政治不正確」。

對於政府的績效評估，我們要依賴到什麼程度？

新公共管理對於量化指標的痴迷，簡直就像宗教狂熱一樣。你可以看見，這對於孩子的教育、醫療服務等許多方面造成多大的傷害。

我們當然要衡量可以量化的事物，但不能假裝每件重要的事物都能夠轉化成數據。事實上，有許多活動正是因為績效難以衡量，才會由政府單位負責。假如政府無法管理不能量化的事物，那乾脆關門算了。

所以，下次遇到公務員稱你為「顧客」或塞給你造假的數據指標時；或你遇到政府部門的「執行長」時；不然就是有公職候選人主張政府應該像企業一般經營時，請把這篇故事拿給他們讀。

第六章

執行長是怎麼成了低風險高所得工作

我站起來讓他們點人頭，結果他們要我抽號碼牌。

——匿名者

1 這年頭的執行長怎麼賺薪水

親愛的董事們：

我寫了一份提案給你們，看似很偏激，但其實很保守。這是因為我身為本公司執行長的首要責任，就是要維護公司的健全。而你們現在付我太多薪水了，使我無法照我自己的方式管理公司。我在此請求你們，大幅減少我的薪資，並取消我所有的獎金。

關於公司的團隊合作，我們已經談過無數次，公司全體同仁都認真投入，為什麼只有我的薪資特別高？尤其是獎金，更是令人觀感不佳。我跟公司裡的其他人一樣，領了薪水就是要把工作做好。我只是做好我的本分，為什麼就可以多領獎金？如果我相信這家公司，我就會投資；如果不相信，我就得辭職。這些獎金會誤導大家，「所有工作都是我這個執行長一手包辦的」。

現在我收到員工的信件抱怨我的薪資，這著實令人難堪，但更麻煩的是，我想不出任何合理的答案回應他們，除非我主張自己的身分地位比他們崇高好幾百倍。但這不是領導，更不是經營公司的方法。

我們在董事會議討論過好幾次公司的長期發展，那為什麼我會因為短期的股價上漲而獲得獎勵？你們都很清楚，我可以用盡各種花招來哄抬股價，讓自己的獎金增加，但這也會損害公司的永續發展。

自從「股東價值」莫名其妙的出現之後，公司的文化就毀了。客服單位告訴我，這種價值妨礙他們服務顧客，因為他們看到顧客的時候，不能把顧客當成人，而必須把顧客當成鈔票，結果許多員工就不想認真工作了。有位員工最近跟我說：「如果要把顧客當成一張一張的鈔票來算，客戶服務就變得不重要了，所以我們幹嘛這麼認真？」

我一向以勇於承擔風險而感到自豪，這也是你們讓我擔任這份工作的原因。那為什麼股價上漲我能大賺一筆，股價下跌我卻不用賠錢？這樣對得起

「勇於承擔風險」這句形容嗎？我已經當偽君子當到很煩了。

我知道有個藉口是：我的薪資必須和其他公司的執行長一樣。但這樣我就會變成追隨者，而不是領導者了。我已經受夠這樣無恥的共犯結構了。我的薪水不應該像外部頒發的獎盃，而是一種向公司內部傳達的訊息，試圖打造我們公司的文化。

所以，請讓我專心照著該有的樣子管理公司。

你們的執行長　敬啟

賭徒們

執行長經常被形容成賭徒，常做例如「加倍下注」（doubling down）之類的事情。所以你可以思考一下這種特別的賭博方式：

一、**執行長拿公司的錢來賭博**。如果你能靠這樣贏錢，那也還不錯。

二、**執行長賭徒不是贏的時候收錢，而是「似乎會贏」的時候收錢**。雖然要花一段時間才知道勝負，但執行長賭徒在賭局中就收錢了。這就好像他桌上開了一對A，但其他人的手牌都還沒開，然後就把桌上的籌碼全部收走。

三、**執行長賭徒就算輸了也可以收錢**。我跟你保證，沒有人這樣賭博的，真正的賭博可沒有「黃金降落傘」這種給失敗者的獎賞。（按：一種補償協議，規定如果公司被收購了，高層管理人員無論是主動還是被迫離開公司，都可以得到一筆鉅額安置補償費用。）

四、**有些執行長賭徒光是抽牌就可以收錢**，連秀出A都不用。有些執行長不太會管理公司，但倒是很會管理自己的薪酬，例如因為敲定一樁大型併購案而獲得獎金，但要過一段時間之後，大家才知道這併購是否成功（姑且不論多數都失敗了）。

五、**執行長賭徒只要坐在賭桌旁就有錢拿**。這種浪費錢的行為叫做「留才獎金」（retention bonus）。這些執行長不只工作有薪水，連「不辭職」都有錢可以拿。真是有夠好賺，只要你好意思賺的話。

2 傑克與吉兒並沒有做錯事……除了選錯公司

大概在兩百年前，放血一直都是針對各種疾病的常用療法。醫師除了放血，也不知道該怎麼辦，有時還因此弄死病患。現在我們懂比較多了，至少就醫學方面來說是這樣。

但管理卻沒什麼長進，這個地方的放血更加猛烈。企業執行長不知道該怎麼辦，只好開除大批員工，因此扼殺了組織與群體的文化。這一切都打著「組織縮編」這個文雅的名號，但它對員工的生計卻是一場大浩劫。難道每個組織都在縮編，縮編就可以名正言順嗎？這算什麼領導？

組織縮編之所以盛行，是因為很容易執行。你只要坐在階級頂端，然後說出尾數三個零的數字，例如五千。然後把最麻煩的部分與罪惡感，全都丟給中低階經理，他們要把那幾個零變成斷了糧炊、無法維持生計的員工。傑克與吉兒並沒有做錯事（除了選錯公司），卻必須被迫捲鋪蓋回家，把憂慮留給自己與家人，而公司也沒有因此變得快樂。

至於留下來的員工，則必須更努力工作，頂住遇缺不補的情況，而且可能還會被減薪。這種情況很有可能會持續到他們累垮為止。你覺得他們還能以自己的工作自豪、忠於公司、尊重顧客嗎？但他們要埋怨誰？經濟這麼不景氣，有工作就該感恩了（但經濟其實就是被這些公司縮編給拖垮的）。所

別擋路！

以大家只好盡量低調，否則下一次就換他們走人了。你還能想到哪種情況，比公司縮編更能夠扼殺企業經濟的嗎？

當然，問題很嚴重的公司必須自救，甚至要裁撤某些工作，才能保住其他賺錢的單位。但大多數的組織縮編根本就不是這樣，它們只是想保住那些高階主管的獎金。華爾街的狼群一聞到公司獲利不佳的氣味，就在公司門口狂嗥，希望能啃到員工的肉屑。於是公司扔掉一些骨頭和肉屑來降低成本、提升利潤，至少能替執行長爭取到足夠的時間，賣掉股票，然後遠走高飛。

數千名員工怎麼可能突然間全變成冗員？難道幾週前都沒人發現他們在摸魚嗎？到底是誰在管理這個地方？我想就是這位現在決定要縮編的人。光是這一點就可以證明這些人根本不適任，因為他們正在粉飾自己一手創造或忽略的問題，卻不是想辦法解決。所以真正該被縮編的，就是這些決定縮編的人；換句話說，**最該被砍頭的就是那個劊子手**。

這篇故事中的小故事

幾年前，一家大型出版集團某部門的編輯告訴我，他和其他部門都必須裁掉一〇%的員工。他提出抗議，指出自己的部門表現得很好，沒有冗員，而且上頭本來還允諾要增加人手。這裡沒有任何人摸魚，再裁員的話，人力實在太吃緊了。

於是他被帶到大主管（一位知名出版人，後來越做越離譜）面前。這位大人物私下跟他說，假如他不開除那一〇%的人，他就得開除自己。但他抵死不從，結果真的被開除了。沒想到他的治軍嚴謹，竟換得如此的懲罰。

後來這位編輯自己創立了一家新公司，用他認為正確的方式來經營這家出版社。這間公司後來成為出版業的傳奇：它重視書籍更勝銷售，重視原則更勝股東價值，重視作者的創意更勝名氣。這個地方就是一群為理想付出的人所組成的群體，所以員工不會跳槽，而且充滿熱情。當公司想募資的時候，它發行了「首次作者募資」（initial author offering，簡稱ＩＡＯ）。所有作者都有機會買股，而且我們當中有六十人真的都買了！這裡的門口沒有發了狂的華爾街狼群。儘管出版界很艱困，貝瑞特・科勒出版社（Berrett-Koehler Publishers）卻一直都表現得非常出色。它是這本書的原始出版社，而我之前有五本書也是由他們所出版的。

3 提升生產力，需要一些沒有效益的因素

我是加拿大人。幾年前經濟學家說，加拿大的經濟非常沒有生產力，這讓我聽了很反感。我們的經濟明明就表現得超級好，甚至遠勝過南邊鄰居——美國。超級好的經濟，卻還被人這樣講，那我們該虛心受教嗎？難道生產力就不能包含任何一點沒效益的因素？

是的，確實有可能。生產力有兩種：一種有效益、富涵生機，另一種則反之。問題是經濟學家分不出來。

經濟學家會衡量產品產出與員工投入的比率，比率上升的話，他們就會說生產力上升。這裡的假設是，公司把員工訓練得更優秀、購入更先進的機

器，或改善製程。有些生產力雖然是這麼來的，但絕對不是所有生產力都這樣。生產力當中缺乏效益的那一部分，已經在日益增加。

經濟學家只靠研究數據，公司卻是實際參與事務。假如數據的使用者不知道它們的來源，那就會變得非常危險。請思考以下這個有點極端的例子。

你是製造公司的執行長，決心讓公司的生產力傲視群雄。那麼你該這麼做：開除工廠內所有員工，用存貨來履行訂單。這樣一來，銷售額會持續增加，同時勞動成本也降低了。每位經濟學家都會跟你說：「這樣很有生產力！」對公司來說也是好事一樁。但這種績效只能持續到存貨耗盡為止。

有些方法雖然沒有上述例子這麼直接，但也能實現這種生產力，例如縮減研發與設備維護費用、降低品質，都能立刻省下一筆錢，哪怕最後把公司搞垮。最棒的是，這些手段又快又簡單，不像訓練員工、改善製程與研發產品難以看見效益。

這麼多公司一起使用這些詭計，於是經濟體之內的「存貨」（資源）被消耗殆盡，令社會岌岌可危。

4 合法的腐敗，或許你正身在其中

加拿大一間報社的編輯，請我針對福斯汽車（Volkswagen）的排氣造假事件寫一篇評論。他問我：「福斯到底在想什麼？」其實這個問題有個大前提，就是福斯的員工除了貪婪之外，真的有在思考其他事情，例如福斯的永續發展、正派經營與環境保護？

好吧，當你聽到這件事，你發誓再也不買福斯的車。那要買雪佛蘭（Chevrolet）嗎？那你得小心他們的鑰匙，曾經害死人過（按：鑰匙會因震動而移位導致熄火）。豐田（Toyota）呢？如果故障的安全氣囊突然蹦出來，你來得及低頭嗎？

歐洲、美國與世界大多數地方，正瀰漫著一股腐敗的氣味，而且不限於汽車產業。比方說美國與歐盟的銀行醜聞，據說高盛集團（Goldman Sachs）操縱廢鋁回收市場，把鋁塊從某間倉庫搬到另一間倉庫，就這樣撈了五十億美元。但高盛宣稱這樣並沒有犯法，而這或許正是問題所在。

某間航空公司粗暴的把乘客拖出飛機，只因為他不肯放棄自己的保留座位。另一家航空公司則取消了幾班飛機，聲稱機場不讓他們的飛機降落，後來才承認是基於某種商業理由而取消班機。難道這就是所謂的「商業」？

你看出端倪了嗎？

重點不是某些公司犯了罪，或司法體系傾向監禁藍領階級更甚白領人口，而是近期有太多的企業活動都有「合法的腐敗」。而且不單只是企業而已，有些大學教授與藥廠掛勾，把決定病患生死的藥品哄抬成天價；有些經濟學家則拒絕分析這個醜聞市場的數據。藥廠利用自己的獨占地位，也就是專利來牟利，而政府則沒有盡到專利許可的價格管制責任。

他們何樂而不為？美國最高法院早已將賄賂合法化了。公司現在能夠盡情贊助競選活動，從中獲取數十億美元的報酬。藥廠希望病患能負擔得起藥品的價格，卻也要能獲利，讓投資人滿載而歸，而病患就因為那些利益輸送被害死了。有哪個社會可以容忍這種事？或許你正身處其中。

現在你是否看出事情的脈絡了？這不是醜聞，而是病症。如果我們不處理，病情只會更加惡化。

5 柏林圍牆倒塌的那時起，世界失衡了

為什麼我們會聚焦於問題的現狀，而不是著手處理根本原因？例如醫學對於治療疾病的關注，就遠比預防疾病還多。但約納斯·沙克（Jonas Salk）就是個明顯的例外：他並非只想治療小兒麻痺，而是發明疫苗、根絕病情發生。

稍微推廣一下 CSR 吧！

CSR 0.0、1.0、2.0

企業社會責任（corporate social responsibility，簡稱CSR）也是差不多的情況。一家企業只要著手處理社會或環境問題，大眾就會認為它很負責。但請你想像，假如它能處理問題的成因，那才是真正負責吧？找更好的方法回收廢棄物是不錯，但能減少廢棄物產生才會更好。但最糟糕的是「漂綠」（按：greenwashing，描述一家公司或單位投入可觀的金錢或時間，在以環保為名的形象廣告上，而非將資源投注在實際的環保行動中），假裝對自然環境很友善。這讓我們更接近「企業不負社會責任」（corporate social irresponsibility，簡稱CSI）。

最近我們已經被CSI給淹沒了：例如銀行未經顧客同意，就替他們開戶；還有競選活動的大筆政治獻金，其實根本就是賄賂。

我們把不負責任的行為稱為CSI 0.0；盡責去關注問題的現狀，稱為CSR 1.0；處理問題的成因，稱為CSR 2.0。我們應該感激CSR 1.0控制的損害，但也歡迎CSR 2.0協助恢復損害，並抑止根本原因。我們需要企業盡可能的認真承擔社會責任。

問題出在不平衡

我認為不平衡是許多重大社會問題的根本原因，包括全球暖化與所得不均。在我的著作《重新平衡社會》提到，問題的引爆點要追溯到一九八九年柏林圍牆倒塌之際。

當時的西方權威宣稱資本主義戰勝了共產主義，但他們錯了，其實是「平衡」戰勝了「不平衡」。一個健全的社會，就是在「公部門政府的集權」、「民間企業的商業利益」與「公民社會關心的事務」之間取得平衡。東歐的共產政權嚴重偏向公共部門，而西方民主國家在三者之間就比較平衡。

但因為**大家誤以為資本主義在一九八九年獲勝，使得許多民主國家從那時起失去平衡，向民間企業靠攏**，而業界難辭其咎。除了美國的民間遊說風氣影響立法與CSI的情況，推廣石油也助長了全球暖化；而股市貪得無厭的需求，使過度消費的情形更加惡化，同時勞工的收入卻未受到保障，而且不斷的被侵蝕。股東價值太常被當成企業的唯一價值。

企業的補救之道

對於這個問題，商業人士有個普遍的解決之道，就是補救型的資本主義。所以我們會看到各種提案，可稱之為「各種形容詞＋資本主義」，例如永續資本主義（Sustainable Capitalism）、自覺資本主義（Conscious Capitalism）、包容性資本主義（Inclusive Capitalism）、以及民主資本主義（Democratic Capitalism）——「民主」一詞不代表任何意義，「資本主義」才是！雖然行善造福公司（doing well by doing good）確實有益，例如興建更好的風車。但問題在於，現在有太多公司是靠「作惡」或「什麼都不做」來圖利，但現實世界可不全都是皆大歡喜的喜劇收尾。

資本主義理所當然需要補救，但真正要補救的其實是這個社會：讓資本主義回到正確的位置——市場，並撤離公部門，這樣社會就能恢復平衡。

麻煩企業主動負責

那麼，負責任的企業可以怎麼做呢？除了ＣＳＲ 2.0之外，它們可以挑戰其他沒有正派經營的企業，或至少支持法規並糾舉各種不當行為。民間部門必須進一步與其他社會部門合作，就像平等的夥伴一樣。所以請不要再如往常般的經營企業了。現在不只要ＣＳＲ 1.0，還要ＣＳＲ 2.0，我們這些公民與同胞，無論在業內業外，都應該更加主動的負責。

第七章

如果你能編出笑話，就能成就偉大事業

這不是結局，因為結局還沒開演。
但或許開場已經結束。

——溫斯頓．邱吉爾（Winston Churchill），前英國首相，一九四二年

1

發現盤尼西林，是因為培養皿發霉

當你聆聽柴可夫斯基的小提琴協奏曲，你的內心會為之激動，但有多少人有柴可夫斯基這種才華洋溢的創意呢？不過有另一種創意，是大家都有的。事實上，這種創意很平凡，但可能創造非凡結果，甚至能改變世界，即使只是一次小小的顛覆。

創意的形狀。

讓我用一則笑話來解釋一下：「我希望我的死法跟我爺爺一樣，在睡夢中安詳過世，而不是像其他人在車內尖叫死去。」我們的想像會是這個人年邁的時候躺在床上，閉著眼睛安然離世，但他其實是開車睡著出車禍意外死亡。這真的只是一個小小的翻轉，也是許多笑話的基礎。

笑話當然不能改變世界，柴可夫斯基的小提琴協奏曲也不能。但假如你有辦法編出笑話，你就有能力發揮小小的顛覆，這表示你有辦法改變世界。

讓我們來看看以下這則小小的顛覆吧。一九二八年，醫師亞歷山大·弗萊明（Alexander Fleming）正在倫敦的實驗室研究抗菌劑。有一天，他發現黴菌殺死了培養皿上的細菌。「這有意思！」他說道。標準的做法是將樣本丟棄，然後重新開始實驗，而弗萊明確實也這麼做。但他跟同事聊過之後，又把樣本從垃圾堆裡撿回來，然後自問：「這些黴菌可以用來殺死人體內的有害細菌嗎？」這就是那重大時刻，一次小小的顛覆。本來被當成垃圾的東西，突然就變成了絕佳的好機會。

後人花了很大的心力（十四年），才終於將「盤尼西林」（弗萊明發現黴菌時立刻取的名字）用來治療感染。回想這件事，弗萊明說道：「一九二八年九月二十八日，我在黎明時分醒來時，絕對沒有規畫要發現世界上第一個抗生素或殺菌劑，然後革新整個醫學界。」

還有，別忘了宜家家居的小小顛覆，改變了家具產業，拆掉桌腳以便放進車子裡，後來就照這樣賣給顧客。附帶一提，這件事也耗費了很大的心力，據我所知是前後花了十五年才搞定。

或許你永遠無法寫出偉大的小提琴協奏曲，但我打賭你能想出幾個笑話。那你為什麼不運用這種才華，來做一件更認真的事，例如改變世界？

2 我沒說話，語音卻回我「非常感謝您寶貴的意見」

有人說世界上有兩種人：一種是相信這世界上有兩種人的人，另一種是不相信這句話的人。或許是這樣沒錯，但我只知道市場上有兩種公司：自稱顧客服務至上的公司，以及真正服務顧客的公司。至於兩者皆非的就先別管了。（致政府官員：當你們讀以上這段話時，請將顧客兩字換成人民；因為我之前說過，人民不是政府的顧客。）

服務顧客既不是技術也不是流程，**而是一種生活方式**，**一種商業哲學**。

假如你善待顧客是因為想多賺錢，就不叫服務顧客。問題在於你腦海裡第一個想到的是什麼：假如你先想到錢，你就不會想到人。而當你想到人，收費就會合理，取得客戶滿意，然後精益求精。

你的公司上市，而掌控股市的人眼中只有錢，因此市場裡的其他人也只看到錢。你讓銷售人員抽佣金，猜猜他們眼裡會看到什麼？沒錯，就是錢！多數大公司都是由服務顧客起家的，這也是它們變成大公司的原因。而對於上市後依舊不離初衷的公司，我由衷感到敬佩。

「服務顧客」會讓你有什麼感覺？簡單兩個字：**真誠**。你絕對可以感受得到。魁北克市一間氣氛愉快的餐廳裡，有一位專業服務生，是我們遇到過最友善、最令人愉悅的服務生。我不知道他叫什麼名字，因為他沒有被「顧客服務」的SOP訓練出這句話：「哈囉，我叫梅斯蒂佛，今天由我為各位貴賓服務！」

「顧客服務」通常有一種疏離感，就像有些公司讓我們在電話上等到天荒地老，還跟我們說：「非常感謝您的寶貴意見！」或者像沃爾瑪百貨（Walmart）那些像被植入程式的接待員；某個週末下午我還真希望他們走進店裡，整理一下貨架上散亂的商品（按：接待員通常只站在門口招呼客人）！

再來是我們的老牌航空公司，加拿大航空（Air Canada），非常致力於「顧客服務」：當它獨占蒙特婁到波士頓的直飛航班時（航程不到一小時），機票價格居然漲到一千零六十六美元，而且還是單程！（來回總共要花兩千一百三十二美元。）加拿大航空看著波士頓航線，眼裡除了錢以外，其實沒有別的。

於是，我們就見識到了「有錢人專屬的顧客服務」（$Customer$ Service），只對有錢的顧客特別好。顧客一走進店裡就被「分類」，銷售員就可以確定哪些人要直接打發掉。我遇過一位本田汽車（Honda）的「業務猿」（按：salesmean，作者故意寫錯字諷刺對方很凶），問他說：「你可以給我最好的價格嗎？」他回答：「你現在就要買嗎？不然我幹嘛告訴你？你是要拿我們的價格去找其他經銷商比價吧！」

買車是我的第二大採購行為，所以我決定厚著臉皮，貨比三家。於是我找上另一家本田的經銷商，業務員立刻給我最好的價格，而我當場就買下車子。我根本不想回去找那個「業務猿」——就算他可能開出更低的價格。

這也帶出了主題的另一面：尊重銷售員。很有錢的客人假如沒有善待銷售員，就只能得到「顧客服務」，而且他們不配被當成顧客來服務。假如銷售員沒有得到顧客的善待（更別說雇主了），他們又怎麼能善待顧客、甚至是優質的顧客呢？

3 怎麼成長？先蹂躪企業，再蹂躪社會，最後蹂躪自己

不要再求「更多」了——過度生產與過度消費，導致毀滅性的資源浪費與全球暖化。「更多」這個目標正在蹂躪我們的企業、社會、地球，以及我們的靈魂。其實做得「更好」更重要。

創立企業

你有很吸引人的點子，也精力充沛，但你沒有錢。於是你拿著一天工作十五小時賺到的血汗錢，再找到一位懂你的銀行家，就這樣成立了一家企業。然後你成功了！顧客很開心，員工很忠心，你自己感覺非常好，社會經濟也

因此受益。真可謂皆大歡喜。

好吧，或許你會因為創業而累積財富、聲名遠播，而且不會有上司管你。但假如你是一位認真的企業家，創業的抱負應該會更遠大。你想打造一件更特別的事：一家擁有群體意識的熱忱企業，超越你個人的領導力。

然而，隨著企業成長，你不禁開始擔心：「萬一我被卡車撞死怎麼辦？」或者你希望成長速度可以超過手中資源的限制。於是你金融界的朋友就開始教你怎麼ＩＰＯ：變現資產或擴大現金流，讓股東幫助你加速成長。聽起來是個好主意，所以你欣然同意。而這就是轉捩點。

緊抓不放

第一個問題是你驚覺，雖然你只是想要「更多」，股市卻把你抓得「更牢」。它不在乎你的想法、願景、顧客、員工，除非這些事物能促成持續不斷的直線成長，也就是股東價值的成長。而你發現這種價值根本不是什麼好價值，也不是你當初想追求的。你現在正在經營一家上市公司，所以你必須一直餵食這隻野獸。

我舉一個駭人聽聞的例子。二〇一五年三月，一位發了狂的機師，開著德翼航空（Germanwings）的班機撞山，害死機上一百五十名乘客。大約一個月後，《紐約時報》有篇文章報導某場股東會：「有段時間漢莎航空面臨危急經營危機，許多股東都非常擔心，他們認為德翼航空的悲劇，恐怕會損及漢莎的周轉時間（按：飛機降落與起飛之間待在地面上那段時間）管理。」某位投資基金的經理也說，漢莎的管理階層必須快點「重回現實」——豈能因為機長害死一百五十名乘客而分心？趕快重回現實，開始管理股東價值了，這才是最重要的事！

那我們也回到現實吧：自從你IPO之後，不一樣的氣氛就籠罩著你的企業，取代了原本的群體意識。市場分析師分析你的公司，當沖客趁機套利，金融奸商圍著你團團轉，華爾街狼群希望你每三個月生出一份財務報告。每三個月？這樣有誰能管理公司？

IPO真的值得嗎？

現在問這個已經太遲了。不管怎樣，你的成長幅度越來越大，而壓力也越來越難以承受。但最後，你發現老顧客跑光光，而你的舊觀念和新價值都吸引不到顧客。於是關鍵問題來了：「跟我剛成立這間公司的時候相比，我已經沒辦法再做『更多』了，那要怎樣才能得到『更多』？」

一、蹂躪你的企業

你可以直接從其他上市公司的經驗找到答案。

- 剝削既有顧客。較高的定價是個好主意，最好讓顧客無法精打細算。或是知道顧客戒不掉某些產品，就刻意調高維修費用。
- 糟蹋品牌。這一招很多人愛用：把產品賣給不願意為品質多付點錢的顧客，儘管你之前以品質為傲。只要吃你的老本，你就能付出更少，卻得到更多的收益。
- 假如你無法增加營收，可以減少成本：設備維護費用、產品研發費用……你看不到直接績效的費用就全部都砍掉吧！但是高階主管的獎金和薪資水平一定要保留著。

• 還有，別忘了壓榨員工，用低薪的短期契約僱用他們，而且不要給予任何福利。更棒的做法是裁撤掉大多數員工，然後把工廠遷移到勞力便宜的國家。

當上述方法全部失敗時，就多角化經營吧！踏入你根本不了解的各行各業，因為你現在是大公司，有一堆鈔票可以甩在他們臉上！

二、蹂躪你的社會

你的企業現已成為全球性公司，對任何國家都沒有義務負責（尤其是你，應該已經開始避稅了吧）。既然這樣，你為什麼不幹得更徹底一點？多做一些壞事來圖利公司吧。

• 與競爭者勾結形成壟斷聯盟，或乾脆併購全部的競爭者！

• 打著自由企業的名號，遊說全球各地的政府補助你的產業，並盡量鑽法律漏洞來提升獲利。

- 假如你不幸破產（剝削別人的公司大都是如此下場），也不用害怕，因為你已經大到不能倒了。因為你有賄款，呃……不對，是政治獻金，政府會替你紓困，把你失敗的慘痛代價轉嫁給整個社會，讓全民買單。經濟學家緊接著加入這齣戲，說這叫做企業的「外部成本」。

三、蹂躪你自己

然後有一天，你一覺醒來，才驚覺你也成了受害者：「難道因為我執行了IPO，所以要對這些事情負責嗎？我以前明明很熱愛我的事業！我們之前服務的顧客，都是千辛萬苦爭取來的，而且我們甘之如飴。我曾經以我們的職場、產品和員工為榮。現在顧客會寫信罵我；我難得去巡視員工的時候，他們都在躲我。為什麼我打造了一家充滿熱忱的企業，最後卻找不到這份初衷？我們以前是愉快的探險家，現在卻成了討厭的剝削者。我已經靠公司的老本累積了一大筆財富，卻一直沒機會花這些錢。」

你可以想像一個國家到處都是這種公司，更別說全世界都是。這副景象就快成真了。他們貪婪的掠奪資源（這些資源本來可以用來建立活躍的新創公司），扭曲我們的經濟，削弱我們的社會，毀滅我們的群體；他們讓國家互鬥，暗中危害民主；他們不斷鼓吹生產與消費，傷害了地球。當然並非所有企業都這樣，但有太多企業都是如此。我們還能承受「更多」嗎？

一家只想線性往上發展的公司，就跟單一維度思考的人一樣病態。他們是有侵略性的物種，完全不顧社會的健全。早在一九七八年，美國作家愛德華．艾比（Edward Abbey）就已精闢的說過：「為成長而成長，跟癌細胞的發展模式是一樣的。」

變得更好

回到你決定要IPO前的關鍵時刻，當時你已藉由創立企業而成為領導者，那你為什麼會變成追隨者，跟著大家一起IPO？難道你這麼想要欠股市一分人情？

其實有更好的方法能替成長中的企業籌資，例如：

- 尋找有耐心的優質金主，允許你持續而且負責任的成長。
- 可以IPO，但是要發行兩種股票，阻止分析師逼近，就像印度的塔塔集團（Tata group，印度最大的集團公司，六五．八%的所有權由塔塔慈善信託基金持有）或如丹麥許多大公司，並且控制表決權的股份不落入別人手裡為基本原則。
- 或者你可以轉型成B型企業（B Corporation）——除了財務需求，也要承諾尊重社會需求與環境保護。

至於新公司：

- 如果不需要大筆投資的話，可以考慮用貸款或保留盈餘募資，畢竟對真正有創業精神的企業來說，用血汗賺來的資金才是真正的獲利。
- 把事業建立成合作社（按：根據合作原則建立的、以優化社員經濟利益為目的之非盈利企業形式），每個顧客、供應商（例如農業合作社）或員工（例如一九五五年成立的蒙德拉貢公司〔Mondragon Federation〕，現有超過八萬名員工）都可以分到一股。

• 或者把公司賣給員工——因為你也曉得，他們才是真正在乎公司的人，而不是那些當沖客股東，這樣做總比毀掉你苦心建立的基業要好得多。英國的約翰路易斯合夥公司（John Lewis Partnership）在一九五〇年就是照這個模式執行，而且至今還是很成功，因為他們共有八萬四千名「合夥人」，在艱困的零售業奮戰。

• 想像自己打造一家社會企業——這種事業沒有老闆，仔細觀察周遭，你會發現這種企業還真不少。我的另一半是某棟大樓（共兩百五十間公寓，住戶五十位以上）的租賃仲介，她沒有營利，所以心情完全不同！甚至許多知名非政府組織也在做：你看紅十字會都開游泳課了！

但求更好

經濟學家堅持數量「更多」才是進步。錯了，這其實是退步，無論是就經濟還是社會層面而言。我們不必為了一個沒有道理的教條，而造成後代和地球的毀滅。這個世界確實需要經濟發展與勞雇關係，但經濟發展要負責任，勞雇關係要穩定。健全的社會是靠多元化和良好的經濟結構支撐，而不是由一心只想線性成長的貪婪傭兵所構築的。股市對這個社會造成的損傷已經夠大了。

全世界都有貧困的人，他們才需要「更多」：更多的食物、更多的房子、更多的工作機會與安全庇護。他們不需要那些，拖垮已開發國家的「更多」貪婪事物。

所以，讓我們把經濟需求**從「更多」轉變為「更好」**——重質不重量，提升自我，而不是拖垮自己。我們投注心力在耐用的產品、健康的食物、客製化的服務與穩健的教育制度。只要轉變成「更好」，公司就不必減少工作機會，反而是增加更多職缺，因為一個健全的組織需要更高薪僱用更好的人才。假如我們的工作更好，感覺就會更好，生活品質也隨之提升。你可以想像一個世界，它不要「抓得更多」，而是「變得更好」。

4 她進入決賽後斷絕對外接觸

一九九七年，我從蒙特婁搭機，深夜飛抵英國希斯洛機場（Heathrow Airport），與史都華・克萊納（Stuart Crainer）見面。當時他與迪斯・德爾樂夫（Des Dearlove）正在合寫一本關於管理專家的書，因此想要採訪我。

史都華問我：「你們管理大師之間想必競爭很激烈吧？」

我回答：「會嗎？我從來不覺得有競爭。」

「**我從來都不想當『最好』的，因為我覺得『最好』這兩個字很沒格調。我的人生目標只求『好』。**」那時我因為時差所以精神恍惚，不禁脫口而出（我模糊的記憶大概是這樣）。

語氣聽起來很驕傲，但我並非故意的；我的意思並非「我比『最好』還要優秀，所以無須追求『最好』」，而是「和自己比賽更勝與他人競爭，這樣才能做到最好。」所以每個努力的人都會盡力而為。

有誰能確切解釋「最好」是什麼意思嗎？柴可夫斯基有比貝多芬好嗎？愛迪．琵雅芙（按：Édith Piaf，法國傳奇歌手）是最好的歌手嗎？天曉得，但她一直都是個很好的歌手！她無從比較，所以不怕被貼上「最好」這個標籤。麥可．波特寫了一大堆著作談商業競爭，可是他寫出代表作《競爭策略》（*Competitive Strategy*），是為了要跟別人比較嗎？

妮琪（Nikki）正在「盡力而為」。
攝影：蘇珊．明茲柏格（Susan Mintzberg）。

關於這個主題，我喜歡用一個故事總結，那就是希爾薇．柏尼爾（Sylvie Bernier）告訴我的——她是一九八四年奧運跳水金牌得主。我是在國際醫療領導大師課程上認識她的。有一天我問她，獲得如此高度榮耀的運動員，跟一般人有什麼差別？

於是希爾薇跟我說了一個驚人的故事，但跟奧運獎牌無關，而是她自己在二十歲時的經驗。她殺進決賽之後，就把所有人、事、物隔絕在外，包括教練、父母、記者、報紙、收音機、電視，任何能告知她成績的消息來源。

最後一次跳水結束後，希爾薇根本不知道自己會拿金牌還是鎩羽而歸；或許這就是她贏得金牌的原因。每項奧運賽事都只有一面金牌，但她盡力而為、跟自己競爭，就這樣辦到了。

所以我們應該捨棄對於「最好」的執著，但並非放棄所有標準，這樣我們就能夠盡力而為。

5 更好的管理者

- 走下神壇，步入基層，感受民情，一起吃炒蛋。
- 讓組織像牛一樣穩健前進，這樣平凡的人才能想出非凡的點子。
- 有時你要先看或先做，然後再想，讓你的策略像花園裡的蔓草般遍布滿地，綿延不絕。
- 你沒辦法計算？很好，那就試著管理！你缺乏經驗？那更好，趕快去學習體驗！
- 小心嗡嗡叫的董事會、讓多數人窮死的IPO、令你丟臉的CSI，以及過度分析的分析師。分析師要分析自己，而且是用「成效」分析，不是「效率」。

- 請「縮編」你的字典：刪除以下用詞，「高層」、「股東價值」、「策略規畫」、「人力資源」、「顧客服務」、「轉型」，還有醫院與政府內的「執行長」以及其他危險人物。
- 最重要的是，你要盡力而為，這樣就可以過著幸福快樂的日子。

牙仙

很久很久以前，在遙遠的貝瑞特·科勒之國，凱蒂（Katie）鼓勵我架設部落格，我照做了。然後基凡（Jeevan）鼓勵我將自己的想法集結成冊，於是就有了這本書。凱蒂帶著克莉絲汀（Kristen）前來助我一臂之力，建議把本書取名為《Bedtime Stories for Managers》（給主管的睡前故事，還好不是《管理炒蛋》），所以書名就圓滿的定案了。貝瑞特·科勒的熱心經理史蒂夫（Steve），非常熱衷參與本書的製作，此外還有以下諸位助陣：貝瑞特·科勒團隊的拉賽爾（Lasell）、麥可（Michael）、大衛（David）、尼爾（Neil）、喬安娜（Johanna）、瑪莉亞·耶穌（Maria Jesus）、凱薩琳（Catherine）、蔻依（Chloe），以及非貝瑞特·科勒成員的大衛（David）、肯（Ken）、珍

（Jan）與伊莉莎白（Elizabeth）。

回到我家，麗莎（Lisa）用美妙的照片點綴故事；朵西（Dulcie）替我的部落格增色；蘇西（Susie）則負責編輯手稿；瑪莉（Mary）監督整個流程，將所有夢魘化作美夢；聖塔（Santa）則是我的夢幻助手，替我效力了二十年。

感謝你們每一位牙仙，幾個月以來一直在我的枕頭下放寶石。（按：牙仙是歐美傳說中的妖精。傳說中，小孩子的乳牙掉了之後，把乳牙放在枕頭下面，晚上牙仙就會把枕頭下的牙齒換成錢，象徵小孩將來要換上恆齒，長大成人。）

我將本書獻給所有一起吃炒蛋、幫助組織群體運作的管理者。

國家圖書館出版品預行編目（CIP）資料

明茲柏格：管理的真實樣貌：勝任且愉快，你該有的42個早知道／亨利．明茲柏格（Henry Mintzberg）著；廖桓偉譯 -- 二版. -- 臺北市：大是文化，2024.05

256面；14.8×21公分. –（Biz；458）

譯自：Bedtime Stories for Managers: Farewell, Lofty Leadership...Welcome Engaging Management

ISBN 978-626-7448-13-7（平裝）

1. 組織管理　2. 企業領導

494.2　　113002990

Biz 458

明茲柏格：管理的真實樣貌

勝任且愉快，你該有的42個早知道

（原版書名：明茲柏格給主管的睡前故事）

作　　者／亨利．明茲柏格（Henry Mintzberg）
譯　　者／廖桓偉
責任編輯／楊皓
副 主 編／蕭麗娟
副總編輯／顏惠君
總 編 輯／吳依瑋
發 行 人／徐仲秋
會計助理／李秀娟
會　　計／許鳳雪
版權主任／劉宗德
版權經理／郝麗珍
行銷企劃／徐千晴
業務專員／馬絮盈、留婉茹
行銷、業務與網路書店總監／林裕安
總 經 理／陳絜吾

出 版 者／大是文化有限公司
臺北市 100 衡陽路7號8樓
編輯部電話：（02）23757911
購書相關諮詢請洽：（02）23757911 分機122
24小時讀者服務傳真：（02）23756999
讀者服務E-mail：dscsms28@gmail.com
郵政劃撥帳號：19983366　戶名：大是文化有限公司

法律顧問／永然聯合法律事務所
香港發行／豐達出版發行有限公司 “Rich Publishing & Distribut Ltd”
地址：香港柴灣永泰道70號柴灣工業城第2期1805室
Unit 1805, Ph. 2, Chai Wan Ind City, 70 Wing Tai Rd, Chai Wan, Hong Kong
電話：2172-6513　　傳真：2172-4355

封面設計／林雯瑛
內頁排版／蕭彥伶
印　　刷／緯峰印刷股份有限公司
2019年7月 初版
2024年5月 二版
Printed in Taiwan
定　　價／390 元（缺頁或裝訂錯誤的書，請寄回更換）
I S B N ／ 978-626-7448-13-7
電子書 ISBN ／ 9786267448113（PDF）
9786267448120（EPUB）
